TAGUNGSBAND 2024
ZUM 13. SYMPOSION
DÜRNSTEIN 2024

WAS WERDEN WIR MORGEN ESSEN? FRAGEN ZUR ZUKUNFT DER ERNÄHRUNG

GESELLSCHAFT FÜR FORSCHUNGSFÖRDERUNG NÖ

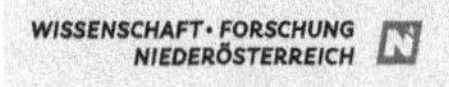

Für den Inhalt verantwortlich:
Ursula Baatz und Gesellschaft für Forschungsförderung Niederösterreich m. b. H.

Die in der Publikation geäußerten Ansichten liegen in der Verantwortung der Autor*innen und geben nicht notwendigerweise die Meinung der Gesellschaft für Forschungsförderung Niederösterreich m. b. H. wieder.

Verlag und Druck: tredition GmbH, Halenreie 40 – 44. 22359 Hamburg, 2020
ISBN Softcover: 978-3-384-36616-0
ISBN E-Book 978-3-384-36617-7
Koordination: Bettina Pilsel
Lektorat: Ursula Baatz

Impressum:
Gesellschaft für Forschungsförderung Niederösterreich m.b.H., 3100 St. Pölten,
Hypogasse 1, 1. OG
www.symposionduernstein.at

INHALTSVERZEICHNIS

GELEITWORT

Vom 14. bis 16. März 2024 versammelten sich in der geschichtsträchtigen Stätte des Stifts Dürnstein renommierte Expertinnen und Experten, internationale Gäste sowie ein interessiertes Publikum, sowohl vor Ort als auch virtuell, um sich beim 13. Symposion Dürnstein dem hochaktuellen Thema „Was werden wir morgen essen? Fragen zur Zukunft der Ernährung" zu widmen.

Wir möchten allen Teilnehmerinnen und Teilnehmern sowie den Organisatorinnen und Organisatoren unseren herzlichen Dank für ihr Engagement und ihren Beitrag zu diesem erfolgreichen Austausch aussprechen. Möge der vorliegende Tagungsband dazu beitragen, die gewonnenen Einsichten und Impulse weiterzutragen, und die Diskussion über die Zukunft unserer Ernährung in Wissenschaft, Politik und Gesellschaft nachhaltig bereichern.

JOHANNA MIKL-LEITNER
Landeshauptfrau

STEPHAN PERNKOPF
LH-Stellvertreter

GESELLSCHAFT FÜR FORSCHUNGSFÖRDERUNG NIEDERÖSTERREICH M. B. H.

VORWORT

Vom 14. bis 16. März 2024 fand im Stift Dürnstein das 13. Symposion statt. Expert*innen, internationale Gäste und ein interessiertes Publikum – vor Ort und online – diskutierten zum Thema „Was werden wir morgen essen? Fragen zur Zukunft der Ernährung".

Die Frage nach der Zukunft unserer Ernährung ist nicht nur eine wissenschaftliche und wirtschaftliche, sondern auch eine zutiefst gesellschaftliche Herausforderung. In einer Zeit, in der globale Krisen, Klimawandel und technologische Fortschritte unser tägliches Leben in nie dagewesenem Maße beeinflussen, ist es von zentraler Bedeutung, nachhaltige und zukunftsfähige Lösungen zu finden. Das Symposion Dürnstein hat es sich zur Aufgabe gemacht, diesen dringenden Fragen mit interdisziplinärem Ansatz und internationalem Austausch zu begegnen.

Dank der Präsenz namhafter Fachleute aus verschiedenen Disziplinen und der aktiven Beteiligung eines vielfältigen Publikums konnten während des Symposions wertvolle Erkenntnisse gewonnen und innovative Lösungsansätze diskutiert werden. Diese Begegnung der Ideen und der intensive Dialog sind essenziell, um die komplexen Zusammenhänge unserer Ernährungszukunft zu verstehen und gemeinsam konstruktive Wege zu beschreiten.

Wir möchten allen Teilnehmerinnen und Teilnehmern sowie den Organisatorinnen und Organisatoren meinen herzlichen Dank für ihr Engagement und ihren Beitrag zu diesem erfolgreichen Austausch aussprechen.

GEORG PEJRIMOVSKY
Geschäftsführung
Gesellschaft für Forschungsförderung Niederösterreich m. b. H.

BETTINA PILSEL
Projektleitung

URSULA BAATZ
Kuratorin Symposion Dürnstein

EINLEITUNG ZUM TAGUNGSBAND

Essen gehört zu den grundlegendsten menschlichen Lebensäußerungen – jede und jeder muss und will essen. Menschen sind Traglinge, sie kommen recht unfertig auf die Welt und müssen vieles lernen – auch die Nahrungsaufnahme. Wer jemals kleinen Kindern – und deren Eltern – beim Essen zugeschaut hat oder selbst als Elternteil dabei war, weiß, dass dies keine einfache Aufgabe ist. Essen hat viele Funktionen, nicht nur biologische oder medizinische, sondern auch soziale; Essen ist hochgradig emotional besetzt; Essen verbindet die Menschen mit der Welt um sie, und damit sind Themenbereiche wie Klima, Ökologie und soziale Gerechtigkeit auch Themen, wenn es um Ernährung geht. Die Aufzählung ließe sich fortsetzen. Entsprechend schwierig gestaltete sich die Programmerstellung: was muss unbedingt vorkommen, was ist wichtig, aber geht sich nicht aus – die Zeit für das Symposion, aber auch die Aufnahmefähigkeit der Teilnehmenden ist begrenzt – usw. Das Ergebnis war, wie man den medialen Berichten und der Rückmeldung von Teilnehmenden entnehmen konnte, sehr zufriedenstellend. Die drei Tage Symposion waren ausverkauft und die Pausengespräche und allgemeine Stimmung intensiv und freundschaftlich, auch wenn man verschiedener Meinung war – ein Verdienst auch der Moderation von Joachim Schwendenwein. Die Kunstprojekte der Studierenden der KPH zu „Ernährungsbildung für eine Ernährungswende", wie immer unter der Leitung von Sigrid Pohl, und der Initiative Children Charity Cooking der HLM/HLW Krems unter der Leitung von Claudia Hiermann trugen zur Konkretisierung der Fragen bei. All dies lässt sich in diesem Band – dem letzten, da das Symposion Dürnstein eingestellt wird und daher im Jahr 2024 zum letzten Mal stattgefunden hat – nicht vollumfänglich wiedergeben.

Auf den folgenden Seiten finden sich Vorträge und Impulse des Symposions ebenso wie die transkribierte und bearbeitete Eröffnungsdiskussion zum Thema Ernährungssicherheit in Österreich. Damit begann das Symposion am Donnerstag, 14. März 2024. Moderiert von Tanja Traxler (STANDARD Wissenschaftsressort, Preisträgerin für Wissenschaftsjournalismus 2023), diskutierten miteinander Franz Essl (Assoz. Prof. am Department für Botanik und Biodiversitätsforschung und Mitglied des Biodiversitätsrates, Wissenschaftler des Jahres 2022), Otto Gasselich (Obmann von BIO Austria), Elisabeth Fabian (Assistenzärztin an der Klinischen Abteilung für Innere Medizin 2 am Uniklinikum Krems und Ernährungswissenschaftlerin), Franz Raab (Kammerdirektor der Landwirtschaftskammer) sowie Franz Sinabell (WIFO Forschungsgruppe Klima- Umwelt- und Ressourcenökonomie, Privatdozent an der BOKU Wien).

Der Freitag begann mit einem Überblick über die Geschichte der Ernährunsgewohnheiten im europäischen Raum, wobei die Frage des Fleischkonsums im Fokus der Aufmerksamkeit von Gunther Hirschfelder (Professor für Vergleichende Kulturwissenschaft an der Universität Regensburg) stand.

Die darauffolgenden Impulse thematisierten den Zusammenhang von Biodiversität, Klima und Ernährung. Josef Settele, Leiter des Departments Naturschutzforschung am Helmholtz-Zentrum für Umweltforschung an der Martin-Luther-Universität in Halle-Wittenberg, erläuterte die Erkenntnisse und Beschlüsse von Weltklima- und Weltbiodiversitätsrat anhand seiner Forschung zur Ökologie von Kulturlandschaften. Der Agrarwissenschaftler Michael Succow, der als Umweltminister der DDR maßgeblich zur Etablierung von Naturschutzgebieten beigetragen hat, erklärte die Bedeutung des Bodens nicht nur für den Ernteertrag, sondern auch fürs menschliche Überleben – etwa durch die Bildung und Speicherung von Grundwasser. Am folgenden Podiumsgespräch zu „Knappes Gut Boden" nahmen neben den beiden Referenten auch Isabella Lang (Geschäftsleiterin der Berg- und Kleinbäuer_innen Vereinigung Via Campesina) und der Land- und Forstwirt Thomas Resl (Direktor der Bundesanstalt für Agrarwirtschaft und Bergbauernfragen a.D.) teil.

Am Freitagnachmittag zeigte Martin Kainz (Wassercluster Lunz, Professor für Aquatische Ökosystemforschung und -gesundheit an der Universität für Weiterbildung Krems) am konkreten Beispiel der Fischzucht auf, was „One World – One Water – One Health" bedeutet.

Ein nächster Block beleuchtete die internationalen Vernetzungen in Sachen Ernährung: Tania Eulalia Martinez-Cruz aus Oaxaca (Mexiko), Angehörige des Volkes der Ëyuujk und Expertin für indigene Ernährungssysteme bei der FAO (Food and Agriculture Organization der Vereinten Nationen), zeigte auf, wie der innovative Rückgriff auf traditionelle Anbauweisen Probleme von heute lösen könnte. Die Komplexität der Frage nach der Ernährung der Zukunft veranschaulichte Sofia Monsalve, Generalsekretärin der Menschenrechtsorganisation FIAN International (Food First Information and Action Network), anhand der fünf Pfeiler eines auf dem Menschenrecht auf Ernährung basierenden globalen Ernährungssystems. Christina Plank (Senior Scientist am Institut für Entwicklungsforschung der Universität für Bodenkultur Wien) und Christina Kottnig (Ko-Vorsitzende von Slowfood Österreich) zeigten auf, welche Möglichkeiten für alternativen Ernährungsformen und -gewohnheiten es gibt und geben kann. Am abschließenden Podium „Transformation der Landwirtschaft – ein glokaler Prozess" nahm neben den Referierenden mit Karl Bauer (Landwirtschaftskammer Österreich) auch ein ausgewiesener Kenner der Agrarpolitik teil.
Den Beginn machte am Samstag ein fulminanter Vortrag der Foodtrendforscherin und Ernährungswissenschaftlerin Hanni Rützler zum Wandel der Esskultur zwischen Tradition und Innovation. Der zweite Teil des Vormittags beschäftigte sich mit Fragen der Lebensmittelsicherheit in Österreich. Florian Tschandl (AGES – Österreichische Agentur für

Gesundheit und Ernährungssicherheit GmbH, Leiter Kompetenzzentrum Lebensmittelkette) erläuterte u.a. die Probleme, die durch den Klimawandel entstehen. Christian Prauchner, Obmann des Bundesgremiums des Lebensmittelhandels, wies darauf hin, dass es noch nie eine so hohe Lebensmittelsicherheit für Konsumenten im Lebensmittelhandel gegeben habe wie heute. Dem stellten Lisa Kernegger und Heidi Polsterer (Gründerinnen von Foodwatch Österreich) ihren Impuls „Aufgetischt? - Die Werbeschmähs und was dahintersteckt" entgegen. Daraus entstand eine lebhafte Podiumsdiskussion zur Frage „Wie sicher sind unsere Lebensmittel?"

Der Samstagnachmittag war Fragen der Ethik gewidmet. Kurt Remele, em. Prof. Institut für Ethik und Gesellschaftslehre an der Katholisch Theologische Fakultät Graz, stellte den Konsum von Tieren und Tierprodukten aus ethischen Gründen infrage. Karl-Heinz Steinmetz, Privatdozent für Spiritualitätsforschung (Uni Wien) und Leiter des Instituts für Traditionelle Europäische Medizin in Wien, berichtete über „Gott zwischen Eintöpfen - Ernährungsethik in der christlichen Spiritualitätsgeschichte" und das durchaus kritische Verhältnis zum Fleischkonsum.

Abschließend stellte Ille Gebeshuber, Professorin für Physik an der TU Wien mit den Arbeitsschwerpunkten Nanophysik und Biomimetik, ihr Forschungsgebiet der Bionik vor, in dem sich ganz neue Wege für den Umgang mit der Natur auftun. Um eine „Ethik der Ernährung" ging es dann auch in der Schlussdiskussion unter der Moderation von Doris Helmberger-Fleckl (Chefredakteurin Die FURCHE).

Für das Gelingen dieses und früherer Symposien besonders zu danken ist Bettina Pilsel und Sigrid Rulitz (beide Gesellschaft für Forschungsförderung NÖ) und Barbara Schwarz, der langjährigen Geschäftsführerin der GFF.

Mit diesem transdisziplinären Symposion, in dem wesentliche Fragen der Ernährung der Zukunft angesprochen wurden, ging das Projekt „Symposion Dürnstein" nach dreizehn erfolgreichen Jahren zu Ende. Die Teilnehmenden, Referierende wie Zuhörende, konnten hier aktuellen Fragen nachgehen; Fragen, auf die es keine einfachen Antworten gibt. Fragen, die gründliche Reflexion unter Einbeziehung relevanter wissenschaftlicher Erkenntnisse erfordern. Das Symposion Dürnstein hat sich als ein Ort der Begegnung und des Dialogs von Menschen mit unterschiedlichen Weltanschauungen und Ansichten verstanden, als ein Ort, an dem Austausch zu relevanten Themen über Parteigrenzen hinweg möglich ist. Solche Orte sind für ein gedeihliches Zusammenleben einer demokratisch organisierten Gesellschaft unerlässlich.

URSULA BAATZ

WAS ESSEN WIR MORGEN

Sie haben es schon getan oder werden es noch tun: essen. Oder trinken, „weil Speis und Trank in dieser Welt doch Leib und Seel zusammenhält“, wie der Dichter Heinrich Hinsch im 18. Jahrhundert reimte. Essen ist lebensnotwendig, denn ohne Nahrung gibt es kein Leben. Das gilt nicht nur für Menschen, sondern für alle Lebewesen. Leben braucht Nahrung, angemessene Ernährung, fehlende oder mangelhafte Ernährung bringt Krankheit und Tod. Was werden, was können wir morgen essen? Das ist die Frage des Überlebens.

Menschen können von Natur aus nicht anders, als Kultur zu schaffen. Doch ohne Natur geht gar nichts, wenn es ums Essen geht. Selbst für Fleisch aus dem Labor oder dem 3-D-Drucker ist Natur notwendig: Muskelgewebe oder Bestandteile des Blutes von Tieren, auf jeden Fall Aminosäuren. Und Boden, Wasser, Sonne, Samen: Das sind unabdingbare Voraussetzungen für Wachstum und Nahrung.

Lebensmittel sind kulturell gestaltet – sie werden gekocht, gegart, gebraten, gewürzt, fermentiert, konserviert, flambiert usw. – menschliche Tätigkeiten, die gelernt und geübt werden müssen und die die rohe Natur der Nahrung nach bestimmten, kulturell verankerten Kriterien verändern. Geschmäcker werden schon mit der Muttermilch gelernt. Deswegen ist Essen nicht einfach nur Nahrung aufnehmen: Sich zu ernähren ist ein Prozess, der Identität schafft und bestätigt. Das angenehme Gefühl gut satt zu sein, ist weit mehr als die Summe der Aufnahme von chemischen Substanzen.

In Europa, so der Historiker Massimo Montanari, gab es in der Antike zwei große Ess-Kulturen: die mediterrane, wo man Weizenbrot, Gemüse, Käse und Fisch, Wein und Oliven und etwas Fleisch aß, und dies vor allem mit Maß – die antike Tugend des Maßhaltens prägte auch das Essverhalten. Weiter nördlich, bei Franken und Germanen, gehörten Fleisch, Milch und Gerste – Letztere als Brei und vergoren als alkoholisches Getränk – zu den Standards. Männlichkeit bewies sich hier im Vielessen und Fleischessen. Wer gern maßvoll oder vorwiegend Gemüse aß, wie etwa Nikephoros Kopas, Kaiser von Byzanz, galt als schwach. Karl der Große dagegen war ein begeisterter Viel- und Fleischesser. Solche kulturellen Muster bestimmen oft bis heute, was als angemessenes Essen gilt. Dass die Deutsche Gesellschaft für Ernährung seit Kurzem pflanzenbasierte Nahrung empfiehlt, ist ein bemerkenswerter Kulturwandel.

Das gemeine Volk litt bis ins 18. Jahrhundert oft an Hunger, wenn die Ernten durch Wetter, Kriege oder Seuchen schlecht ausfielen. Erst als Mais und vor allem Kartoffeln allmählich in Europa heimisch wurden und ab dem 18. Jahrhundert regulär angebaut wurden, war es für das gemeine Volk leichter, satt zu werden.

Wer was essen durfte, war ein sozialpolitisches Thema. Im Kunsthistorischen Museum in Wien zeigt das Breughels „Bauernhochzeit“: In großen Holztrögen wird das Festessen zu den Tischen getragen, nämlich - Hirse mit Safran. Bauern sollten einfach und billig essen, das luxuriöse Essen war dem Adel vorbehalten. Der Zugang zu Nahrung zementiert soziale Unterschiede – weswegen etwa in Venedig zu Beginn der Neuzeit Beamte die Haushalte kontrollierten, ob standesgemäß gekocht wurde.

Was werden wir morgen essen – das ist keine rhetorische Frage für die rund 30 Prozent der Weltbevölkerung, die von Hunger oder extremem Hunger betroffen sind, nach Angaben der UN-Organisation World Food Program. Alle vier Sekunden in etwa stirbt ein Mensch an Hunger, pro Tag rund 25.000 Menschen. Die Ursachen sind in fast der Hälfte aller Fälle direkte kriegerische Konflikte, zu etwas mehr als einem Drittel extreme Wetterbedingungen (Dürre oder Überschwemmungen etwa), und der Rest resultiert aus wirtschaftlichen Schocks wie etwa Covid 19 oder dem Stopp der Getreidelieferungen durch den Ukraine-Krieg (fsinplatform.org).

Die Eliten sind auch heute vom Hunger kaum betroffen. Global gesehen ist dies mehr als das eine Prozent, dem fast die Hälfte des weltweit verfügbaren Vermögens gehört. Dazu zählen auch die allermeisten Menschen, die in den nördlichen Industriestaaten leben, insgesamt etwa eine Milliarde. Auch der größte Teil der Menschen in Österreich gehört, global gesehen, zur wohlhabenden Hälfte. Doch verdienen in Österreich, einem der reichsten Länder der EU, rund 600 000 Menschen zu wenig Geld, um ausreichend ausgewogene Nahrung zu kaufen. Daher leiden 127 000 Kinder in Österreich unter Mangelernährung - was bleibende körperliche und psychische Probleme zur Folge hat, so Volkshilfe und Caritas. Weltweit gesehen leiden zudem fast zwei Milliarden Menschen an Übergewicht aufgrund von krankmachender Fehl- oder Mangelernährung.

Die Frage nach der Ernährung von morgen ist dringlich – nicht nur aus medizinischen oder demografischen Gründen, sondern vor allem wegen einer unheilvollen Mischung von ökonomischen, landwirtschaftlichen und klimatischen Gründen. Im Auftrag von Weltbank und UNO haben über 400 Wissenschaftler 2008 den Weltagrarbericht erstellt, eine schonungslose und daher höchst unbequeme Analyse des planetaren Status quo. Das Ergebnis: Die industrielle Agrarwirtschaft zielt auf hohe Gewinne und beutet dazu die natürlichen Ressourcen aus. Die Übernutzung von Boden führt u.a. zur Zerstörung des Humus – also jener relativ dünnen Schicht, in der Milliarden von Bodenorganismen das Wachstum von Pflanzen ermöglichen. Durch die drastischen Eingriffe in natürliche Kreisläufe – Stichwort mineralische Dünger und Pestizide – ist 2023 bereits rund ein Fünftel der europäischen Flora und Fauna unmittelbar vom Aussterben bedroht. Die meisten dieser Arten sind nicht unmittelbar menschliche Nahrung und oft für Menschen lästige Insekten – aber unverzichtbar zur Aufrechterhaltung der Kette des Lebens, als Bestäuber und Nahrung für andere Tiere. Das Artensterben zerstört die natürliche Nahrungskette und damit die Grundlagen menschlicher Existenz. Agrarwüsten und Saatgut- und Düngemittelkonglomerate sind nicht geeignet, das Überleben der Menschheit zu sichern, so der Weltagrarbericht. Ernährungssicherheit für die Weltgemeinschaft können nur kleine Bauern sichern, die Agroforstwirtschaft betreiben, also eine Mischwirtschaft mit Bäumen, Feldern. Tieren in kleinen Einheiten.

Die Upanishaden, die fast dreitausend Jahre alten heiligen Schriften indes, Indiens sind in puncto Nahrung sehr klar: „Aus Nahrung entstehen alle Lebewesen dieser Erde. Sie leben durch Nahrung und werden am Ende selbst Nahrung.“ Zerstört man die Nahrungskette, zerstört man die Menschheit. Das Recht auf Nahrung ist ein Menschenrecht.

FRANZ ESSL
OTTO GASSELICH
ELISABETH FABIAN
FRANZ RAAB
FRANZ SINABELL

PODIUMSDISKUSSION ERNÄHRUNGSSICHERHEIT IN ÖSTERREICH?

Podiumsdiskussion[1] moderiert von Tanja Traxler

TRAXLER: Herzlich willkommen! Beim Essen kommen die Leut z'samm, gleichzeitig lässt sich aber über fast nichts so leidenschaftlich streiten wie über das Essen. Es geht um viel, nicht nur um unsere eigene Gesundheit, sondern auch um das Wohl von Umwelt und Tieren, letztlich um die Zukunft des Planeten. Es war historisch immer eine große Herausforderung, Ernährungssicherheit zu gewährleisten.
Wie die Ernährungssicherheit in Österreich gewährleistet werden kann, auch in Zukunft, welche Herausforderungen und welche Chancen sich stellen, das werden wir hier Franz Essl fragen. Was sind denn da die größten Herausforderungen ökologisch oder in klimatischer Hinsicht, wenn es um die Sicherung der Ernährung in Österreich geht?

ESSL: Ich beginne mit einem Bild - ich glaube, dass die Landwirtschaft, der Klimaschutz bzw. die Leute, die sich für Klimaschutz und Naturschutz einsetzen, auch wenn es in der politischen Diskussion nicht so ankommt, eigentlich im selben Boot sitzen. Was sich verändert hat: Die Umgebung ist rau geworden und gleichzeitig das Boot leck geschlagen; und die Frage, die sich vehement stellt, heißt: Wohin steuern wir? Steuern kann man, wenn mehrere Personen im Boot sitzen, also mehrere Themen in einem Boot sitzen, nur, wenn man einigermaßen in dieselbe Richtung steuert, was voraussetzt, dass man auch fähig und willig ist, gemeinsame Positionen zu erarbeiten trotz vorhandener Unterschiede und Konflikte. Das ist ganz wesentlich, und ich meine, diese gemeinsamen Positionen müsste es auf einer hohen politischen Ebene geben. Gerade auf EU-Ebene sind ganz wichtige politische Entscheidungen passiert oder auch Weichenstellungen getroffen worden, aber es geht auch um eine persönliche Ebene. Das bedeutet, dass es verschiedenen Akteuren möglich sein müsste, gemeinsame Positionen zu erarbeiten. Mich bewegt als Ökologe natürlich, und das ist auch wissen-

1 Editiert von Ursula Baatz auf Basis einer Transkription

schaftlich unstrittig, der rasante Artenverlust; natürlich spielt hier die Landwirtschaft eine wichtige Rolle. Aber es gibt nicht nur diesen Verlust an Artenvielfalt mit all seinen wichtigen Folgen, es gibt einen genauso rasanten Rückgang an landwirtschaftlichen Betrieben in Österreich und Europa. Gleichzeitig gibt es eine Form der Landwirtschaft, die ganz hohe Auswirkungen für die Natur mit sich bringt, die wir heute gar nicht sehen. Noch ein Punkt: 95 % des Soja, das in der EU konsumiert wird, und das bedeutet in der Regel verfüttert wird, der Großteil geht in die Tierproduktion, nicht in den menschlichen Konsum, stammt nicht aus der EU, sondern aus Argentinien, Brasilien und einigen wenigen anderen Ländern. Sie wissen, was das heißt: Dort, wo heute Soja wächst, war vor 20 oder 30 Jahren Regenwald oder ein anderer Lebensraum, der ist verschwunden, weil Europa und andere Länder des globalen Nordens häufig einen versteckten globalen Fußabdruck erzeugen, der für den Konsumenten nicht immer sichtbar ist.

TRAXLER: In Österreich wird seit vielen Jahren ein Bauernsterben beklagt, der Beruf scheint vielleicht nicht mehr so attraktiv zu sein wie früher, und auch gibt es die Notwendigkeit für immer größere landwirtschaftliche Betriebe. Franz Raab, was hat sich Ihrer Meinung nach in den letzten Jahrzehnten verändert?

RAAB: Die erste Wortmeldung kann ich nur unterstreichen, es geht um die gleichen Ziele, und das über Landwirtschaft und über Naturschutz hinaus. Zum Bauernsterben: Nach dem Krieg waren 40 % der Bevölkerung in der Landwirtschaft tätig. Das ist heute so nicht mehr realistisch möglich. Strukturentwicklung erleben wir in der Landwirtschaft in ganz Europa seit vielen Jahrzehnten, und eigentlich ist das ein langer ruhiger Fluss, der sich in den letzten 10, 15 Jahren in keiner Weise beschleunigt hat. Mir wäre es lieber, es gäbe mehr Betriebe, dafür müsste es aber auch eine wirtschaftliche Lebensgrundlage für diese Betriebe geben. Wir haben es allerdings in Österreich geschafft, dass diese Strukturentwicklung viel langsamer vonstattengeht als in anderen Ländern. Man braucht gar nicht so weit zu schauen, Es ist überall das gleiche Bild. In Österreich haben wir diese Entwicklung – und das war durchaus, denke ich, politisch so gewollt – viel verträglicher und langsamer vollzogen, aber verhindern konnte man das auch in Österreich nicht.

TRAXLER: Herr Gasselich, vor welchen Herausforderungen stehen die Biobetriebe diesbezüglich?

GASSELICH: Österreich ist in der Europäischen Union sozusagen Bioweltmeister oder -weltmeisterin. Jedenfalls ist es so, dass das bei uns eine unglaubliche Entwicklung genommen hat. 1980 hatten wir in ganz Österreich circa 200 Biobetriebe. Unsere Gründerväter und Gründermütter, wie man sie in Niederösterreich und Wien – wir sind der Landesverband für beide Länder – nennt, hatten damals das Gefühl, die Landwirtschaft entwickelt sich aus ihrer Sicht nicht in eine optimale Zukunft, und wählten einen anderen Ansatz, nämlich den Ansatz, den Bäuerinnen und Bauern auf diesem Kontinent schon seit Jahrtausenden gesetzt haben; das Haber-Bosch-Verfahren war nicht das, was die Gründermütter und Gründerväter als oberste Priorität gesehen haben, sondern eher umgekehrt. Daraus hat sich in Österreich durchaus mithilfe der Politik eine unglaubliche Entwicklung ergeben, wir haben jetzt fast 23.000 biologisch wirtschaftende Betriebe in Österreich. 27 % der landwirtschaftlich genutzten Flächen in Österreich werden nachhaltig, ökologisch, enkeltauglich und biologisch bewirtschaftet. Das ist ja nur möglich mithilfe der Konsumentinnen und Konsumenten, weil unsere Biolebensmittel sind im Normalfall ein bissl teurer als die der konventionellen Kolleginnen und Kollegen – das zeigt, wir brauchen Konsumentinnen und Konsumenten, die genau schauen beim Essen, bei den Lebensmitteln im Supermarkt, beim Einzelhandel, wo sie hingreifen. Natürlich sollten sie auch wissen, warum sie zu Biolebensmitteln greifen, warum sie bereit sind, mehr Geld für Biolebensmittel auszugeben, weil da ganz einfach Qualität dahintersteht. Da geht es erst einmal um die Frage, was muss ein Lebensmittel leisten? Welche Inhaltsstoffe muss ein Lebensmittel haben? Nur Energie oder geht es auch um anderes? Welche Inhaltsstoffe braucht es, um unseren Körper dabei zu unterstützen, gesund zu bleiben? Wie werden Lebensmittel produziert, um die Artenvielfalt, die Biodiversität, das Grundwasser, die Luft, den CO_2-Fußabdruck und vieles mehr zu unterstützen? Da sind wir wieder bei der Bildung unserer Konsumentinnen und Konsumenten, sonst wären sie auch nicht bereit, mehr dafür zu zahlen, und ich glaube, damit sind wir auf einem guten Weg, unterstützt von unserem Ministerium, das voriges Jahr einen Bioaktionsplan vorgelegt hat, dessen Ziel es sein soll, die Biolandwirtschaft in Österreich auf 35 % der Flächen anzuheben. Da sieht man gut, dass es nur miteinander geht und dass es in der Zusammenarbeit mit unserem Ministerium gelingen wird, ein Prozent Zuwachs pro Jahr umzusetzen. Es wurden Soja-Importe erwähnt: Für Soja, der in Österreich verbraucht wird, muss nirgendwo auch nur ein Quadratmeter Wald brennen. Wir erzeugen uns den Bio-Soja selber, heimisch, in Österreich. Mit BIO AUSTRIA wurde 2008 ein Projekt dazu begonnen, und in der Zwischenzeit ist es so, dass wir zu 100 % unseren Eiweißbedarf und unseren Sojabedarf zu 97%, 98 % aus heimischer Produktion haben erzeugen können.

TRAXLER: Bei Ernährungssicherheit geht es natürlich auch um die Quantität, vor allem, wenn man das global betrachtet; für Österreich spezifisch sind Fehlernährung und Überernährung große Themen; Frau Fabian, was wäre denn da aus Ihrer Sicht erforderlich, um eine gesunde Ernährung zu gewährleisten?

FABIAN: Ich darf an meinen Vorredner kurz anknüpfen und eingangs besonders betonen, dass ich das Symposium wirklich einmalig und großartig finde, weil es die Vernetzung von unterschiedlichsten Aspekten in Bezug auf unsere Ernährung sehr schön aufzeigt und verdeutlicht, was Ernährung und die Lebensmittelauswahl des Einzelnen eigentlich im größeren Ganzen bedeutet und welche Auswirkungen sie auf eine Vielzahl von eng verflochtenen Bereichen in Hinblick auf landwirtschaftliche Produktion, Umweltschutz, wirtschaftliche Interessen, aber auch gesundheitliche Themen hat. Essen ist nicht gleich sich ernähren, da gibt es aus ernährungswissenschaftlicher bzw. medizinischer Sicht große Unterschiede. V.a. wenn sich die landwirtschaftliche Produktion und die erzeugte Lebensmittelpalette, etwa bedingt durch Profitoptimierung, verändert, müssen wir uns fragen, welche Auswirkungen dies auf das verfügbare Spektrum an Lebensmitteln und deren Inhaltsstoffe sowie deren Akzeptanz bei Konsument*innen und somit auf das Ernährungsverhalten und unsere Gesundheit hat. Den Begriff Ernährungssicherheit könnte man in Anlehnung an diese Überlegungen im weiteren Sinn eigentlich auch als Lebensmittelsicherheit mit speziellem Fokus auf Inhaltsstoffe, Produktionsrückstände, Pflanzenschutzmittelrückstände etc. interpretieren – ein ebenfalls sehr stark diskutiertes und nicht nur ökologisch, sondern auch gesundheitlich wichtiges Thema. Aber zurück zum angesprochenen großen Thema Fehlernährung. In Österreich haben wir die Situation, dass knapp mehr als die Hälfte der erwachsenen Bevölkerung übergewichtig oder adipös ist, wobei Männer etwas häufiger betroffen sind als Frauen. Auch bei Kindern und Jugendlichen sind die Zahlen alarmierend; aktuell ist ca. jedes 3. Volksschulkind in Österreich übergewichtig. Diese Entwicklung hat teils massive gesundheitliche Konsequenzen, man denke etwa an die durch Übergewicht begünstigte Entstehung von metabolischen Erkrankungen wie Diabetes mellitus Typ 2, die Schädigung der Leber durch vermehrte Einlagerung von Fett (metabolische Dysfunktion-assoziierte steatotische Lebererkrankung) oder den Einfluss auf verschiedene Krebserkrankungen. International wird geschätzt, dass Ernährungsfaktoren 5 bis 10% aller Krebsfälle verursachen; Berechnungen aus den USA geben den Anteil aller Krebserkrankungen, der auf suboptimale Ernährung und Übergewicht bzw. Adipositas zurückzuführen ist, sogar mit bis zu 18% an. Im Jahr 2022 wurden in Österreich etwa 42.000 neue Krebsfälle diagnostiziert. Wenngleich die Ernährung als Risikofaktor je nach Tumorentität variiert, wären unter der allgemeinen Annahme eines Präventionspotenzials von rund 10% bis zu 4500 Krebsfälle allein durch eine ausgewogene Ernährung vermeidbar gewesen. Unsere Ernährung bzw. diverse Lebensmittelinhaltsstoffe können dabei einerseits direkte gesundheitsrelevante Effekte auf den Körper ausüben, aber andererseits auch über die Modulation der Zusammensetzung unseres Darmmikrobioms, also der Summe aller Mikroorganismen, die in unserem Dickdarm leben, die Entstehung von Krankheiten beeinflussen. Als Beispiele für Inhaltsstoffe, die einen direkten positiven und gesundheitsfördernden Effekt auf unseren Körper haben, seien die sekundären Pflanzeninhaltsstoffe genannt, die vielfach eine antiinflammatorische und antioxidative, d.h. zellschützende Wirkung haben. Die Wissenschaft hat in den vergangenen Jahren aber v.a. einen speziellen Fokus auf die Erforschung des Darmmikrobioms und dessen Einfluss auf die Entstehung verschiedener Erkrankungen gelegt und die Arbeit auf diesem Gebiet stark intensiviert. Daher wissen wir heute, dass unsere Darmbakterien z.B. mit dem Immunsystem eng in Verbindung stehen und auch verschiedene Stoffwechselprodukte bilden, die über den Darm wiederum aufgenommen werden, in den Blutkreislauf gelangen und in weiterer Folge die Entstehung von verschiedenen Erkrankungen begünstigen können. Solche Zusammenhänge sind u.a. für kardiovaskuläre und einige metabolische Erkrankungen, aber auch einzelne psychische Erkrankungen (Darm-Hirn-Achse) und Krebserkrankungen beschrieben. In dieses komplexe Zusammenwirken spielt auch unsere Ernährung stark hinein. Dabei muss man sich vor Augen halten, dass die täglich aufgenommene Nahrung nicht nur dem Körper Energie und Nährstoffe liefert, sondern auch quasi das „Futter" für die im Darm lebenden Bakterien darstellt und somit deren Zusammensetzung maßgeblich beeinflusst. Sämtliche wissenschaftliche Versuche, auf die Zusammensetzung des Mikrobioms z.B. mit Probiotika oder Antibiotika einzuwirken, waren bislang langfristig nicht zielführend. D.h. die Ernährung, die wir tagtäglich zu uns nehmen, (v.a. „Ballaststoffe"), ist der effektivste modulierende Faktor für das Darmmikrobiom und hat somit auch wesentliche indirekte gesundheitliche Einflüsse.

TRAXLER: Herr Sinabell, was müsste sich denn aus der Sicht der Ökonomie ändern, was sehen Sie für Möglichkeiten, etwas anderes anzubauen in Österreich oder andere Tiere zu züchten, um die Ernährung zu sichern?

SINABELL: Die Landwirtschaft ist, und ich glaube, sie fühlt sich auch so, verantwortlich für die Versorgungssicherheit, also für die Bereitstellung der Grundlage von Lebensmitteln. Die Landwirtschaft produziert Agrargüter, mit denen sehr viel passiert, bis daraus dann ein Nahrungsmittel entsteht, das dann entweder schon fix fertig zubereitet verzehrt wird oder im Haushalt weiterverarbeitet wird. Die Nahrungsmittelsicherheit beginnt bei der Landwirtschaft, und die Bäuerinnen und Bauern, die Agrargüter produzieren, haben natürlich höchstes Interesse, die höchste Qualität zu liefern. Wenn man das globale System betrachtet, ist die Situation folgende: Im Jahr 1960 gab es 3 Milliarden Menschen, und diese 3 Milliarden Menschen wurden von der Landwirtschaft auf einer Fläche von 4,4 Milliarden Hektar versorgt. Heute haben wir 8 Milliarden Menschen, und die Landwirtschaft versorgt diese 8 Milliarden Menschen auf einer Fläche von 4,7 Milliarden Hektar, das heißt, die Fläche wurde ein bisschen ausgedehnt, die Zahl der Menschen, die ernährt werden und die auch überernährt sind, hat sich vervielfacht. Das ist möglich geworden durch den Einsatz von vielen Produktionsmitteln, aber auch viel schlaueren Bäuerinnen und Bauern als damals.

Die Herausforderung wird sein, 10 Milliarden, 12 Milliarden Menschen zu ernähren mit weniger Fläche, weil wir ja die Fläche brauchen, um die Biodiversitätskrise zu bewältigen. Das wird nur möglich sein, wenn wir etwas tun, was möglicherweise Widerstand hervorruft, nämlich durch Smart Innovation and Intensification. Das heißt, die Landwirtschaft als Grundlage für unsere Ernährung wird wohl nachhaltig intensivieren müssen, es sei denn, wir ändern das Ernährungsverhalten. Da sehe ich durchaus Chancen in Europa in Richtung weniger Fleischverzehr, wenn wir auf mehr pflanzenbasierte Nahrung umstellen, dann ist das wahrscheinlich nicht nur gesünder, sondern auch ressourcenschonender. Tatsache ist, dass die Menschen Gott sei Dank insgesamt reicher werden, und das Erste, was Menschen machen, wenn sie reicher sind, ist, dass sie ihre Kinder mit Milch versorgen, mit einem extrem nahrhaften hochwertigen Nahrungsmittel, das alles in sich hat, was ein Kind braucht, und das Nächste ist dann, dass die Menschen beginnen, sich mit tierischem Eiweiß zu versorgen, was Mangelerscheinungen reduziert. Meine Einschätzung, die auf den Prognosen von FAO und OECD basiert, ist eben die: In dem Maß, in dem wir unseren Konsum in Richtung pflanzenbasierte Ernährung ändern, in dem Maß werden andere Länder nachziehen und sich vermehrt tierisch ernähren.

TRAXLER: Thema Bodenverbrauch: Naturlandschaft und Kulturlandschaft, das scheint ein unauflöslicher Widerspruch zu sein. Das betrifft die Frage der Bodenversiegelung, wo wir in Österreich nicht besonders gut dastehen, aber dann natürlich auch die Frage des Bodenschutzes von unversiegelten Flächen. Herr Essl, wie sehen Sie da die Rolle der Landwirtschaft?

ESSL: Der Boden ist eine endliche Ressource, und ich glaube, das ist ganz wichtig überhaupt im Blick zu halten, wenn wir über Umweltthemen sprechen. Wir sprechen über Dinge, die endlich sind und wo wir als Gesellschaft global, aber ganz stark in Österreich einen Fußabdruck haben, der so auf Dauer nicht fortführbar ist. Das bedeutet, und da kommen wir auf diese Bootsmetapher zurück, es braucht einen anderen Kurs. In der Agrarpolitik spielt der Boden eine wichtige Rolle, ebenso das Klima, Naturschutz und die Ernährung, das muss gemeinsam gedacht, politisch umgesetzt werden, und das ist eine Position, die auch in der Gesellschaft mehrheitsfähig ist – für Konsument und Konsumentin, aber auch als Bewohnerinnen und Bewohner eines Landes, das lebenswert bleiben möchte, und dazu gehört auch eine lebenswerte Landschaft für Artenvielfalt und dadurch auch für uns als Menschen. Aus meiner Sicht haben wir eine Versiegelungspolitik, die aus einem fossilen Zeitalter kommt, wo es andere, neue verbindliche politische Willensäußerungen braucht als das, was wir derzeit haben. Die Bodenstrategie, die von den Bundesländern erst beschlossen worden ist, ohne Zielvorgaben, ohne verbindliche Ziele, ist nicht ausreichend. Es braucht auch in der landwirtschaftlichen Nutzung einen intakten Boden, also eine Kulturlandschaft, in der Nutzflächen gemeinsam mit Rückzugsräumen für Arten gesichert werden müssen. Es muss sich für Landwirte oder Grundbesitzer auch lohnen, es muss sich sowohl im Agrarsystem widerspiegeln als auch in der Bereitschaft von Konsumenten und Konsumentinnen, diesen Wert anzuerkennen. Wenn wir mit diesen Ressourcen weiter so umgehen wie bisher, dann wird es mit der Ernährungssicherheit ein heftiges Problem geben und gleichzeitig der Artenverlust und die Klimawandel-Auswirkungen noch viel massiver werden, als sie derzeit schon erkennbar sind.

TRAXLER: Herr Gasselich, welche Auswirkungen hat denn der Klimawandel bei den Betrieben, mit denen Sie Kontakt haben, schon jetzt?

GASSELICH: Wir Bauern müssen ja in der Natur draußen ohne Überdachung arbeiten. So haben wir in den letzten Jahrzehnten den Klimawandel voll abbekommen. Die Trockenperioden und im Sommer natürlich in Verbindung mit Perioden von erhöhter Hitze führen dazu, dass es für uns immer schwieriger wird, in Extremsituationen und dort, wo die Böden vielleicht nicht die beste Qualität haben, überhaupt Erträge oder womöglich Mehrerträge einzufahren. Wir haben seit 2010 Jahre gehabt, wo es in manchen Regionen Mangelkulturen gegeben hat, wo man sich gefragt hat, ob es sich noch lohnt, überhaupt zu ernten. Das ist für konventionelle und biologische Landwirtschaft das gleiche Unglück, das unsere Betriebe trifft, da merkt man ganz einfach, was sich da tut. Der Treibhauseffekt schlägt voll zu, und die Klimaforscher sagen uns voraus, dass es so weitergeht. Bei einem Bauprojekt in Wien Favoriten haben vier Architekten für eine „essbare" Stadt ihre Projekte gezeigt, da geht man davon aus, dass wir bis 2040 Temperaturen wie in Barcelona haben. Was heißt das für die Landwirtschaft, was heißt das für Österreich, wie können wir weiter produzieren ohne gute Wasserversorgung? Dazu kommt die Bodenversiegelung, ich glaube, ungefähr dreizehn Hektar pro Tag zurzeit. Wir haben, glaube ich, seit dem EU-Beitritt die gesamte Ackerfläche Burgenlands verbaut. Wie sollen wir uns als Land da selbst versorgen können? Oder womöglich selbst Soja für die Viehzucht anbauen, statt aus Südamerika zu importieren, wenn wir jeden Tag solche Flächen verbauen, das ist ja irgendwann dann ja gar nicht mehr möglich. Hier muss es Änderungen geben, und wir müssen uns bemühen, CO_2-neutral zu werden. Sonst, befürchte ich, wird es mit der Selbstversorgung bald vorbei sein.

TRAXLER: Herr Raab, wenn wir da weiterdenken, halten Sie Smart Innovations, Intensivierung und Bodenschutz für einen gangbaren Weg für Bäuerinnen und Bauern? Wie sehen Sie da die politischen Rahmenbedingungen?

RAAB: Innovation ist ein Schlüsselfaktor der Zukunft, nicht nur in der Land- und Forstwirtschaft, sondern in vielen anderen Bereichen auch, da stimme ich mit Franz Sinabell hundertprozentig überein. Wir haben in Österreich im Jahr 1995 ganz bewusst den Weg eingeschlagen, begleitend zu Marktordnungsmaßnahmen auf freiwilliger Basis auf Umweltmaßnahmen in der Landwirtschaft zu setzen. Ich nenne nur ein paar Beispiele: Wir haben es geschafft, dass wir in Österreich in unseren landwirtschaftlichen Böden den Humusgehalt deutlich (rd. 0,4 % im Durchschnitt) erhöht haben. Das ist eine Riesen-Dimension, auch wenn es nach wenig klingt! Warum hat das funktioniert? Weil man Bewirtschaftungspraktiken unterstützt hat, die humusaufbauend wirken. Nur ein Beispiel: Wir haben im heurigen Jahr 200.000 Hektar landwirtschaftlicher Fläche, Acker, Grünland faktisch nicht bewirtschaftet oder kaum bewirtschaftet, um sie zu Zwecken des Naturschutzes, der Förderung der Biodiversität zur Verfügung zu stellen. Das sind etwas mehr als 10 % der Acker- und Grünlandflächen. Das ist europaweit einzigartig. Anderes Beispiel: Die EU-Kommission hat als Reaktion auf die Bauernproteste ermöglicht, dass man auf Stilllegeflächen auch Eiweißpflanzen anbaut. Bei uns hat dies kaum

Auswirkungen, weil wir Verpflichtungen in dem freiwilligen Programm, in dem sich die Betriebe über mehrere Jahre zur Stilllegung verpflichten, über die Marktordnungsmaßnahme darübergelegt haben. Wir haben gesagt, wenn es eine gesetzliche Basisverpflichtung gibt, dann setzen wir darauf eine Maßnahme, die dafür sorgt, dass die Qualität auf diesen Flächen im Sinne der Biodiversitätsförderung eine höhere ist und dass sie auch beständig sind. Bei uns bleiben diese 10 % Biodiversitätsflächen erhalten, egal, was die EU-Kommission beschlossen hat. Das sind alles freiwillige Maßnahmen, und ich glaube, nur so kann's gehen und so muss man auch weitergehen, denn alles, was Betriebe freiwillig tun, hat eine hohe Qualität. Wir haben damit in Österreich ein anderes System geschaffen als in allen anderen EU-Mitgliedsstaaten und waren bis jetzt sehr erfolgreich, und diesen Weg muss man fortsetzen; und dazu wird es Innovation in den nächsten Jahren brauchen.

Allerdings wirtschaften wir im Osten Österreichs mit einem Wasserminimum, wie es in vielen anderen Regionen der Welt gar vorstellbar ist, da stehen wir durch den Klimawandel wirklich an einem Kipppunkt. Da wird's drum gehen, wie kann man hier noch effizienter werden, aber auch Wasser für Bewässerung nutzbar machen. Es ist eine Illusion zu glauben, dass es anders gehen würde, vor allem wenn wir tiefer in die Wertschöpfungskette wollen, mehr Gemüseproduktion möchten etc. Ich glaube, diesen Weg, den wir vor 20 Jahren eingeschlagen haben, den müssen wir konsequent weitergehen.

ESSL: Was Sie ansprechen, das ÖPUL, das Österreichische Programm für die Umweltgerechte Landwirtschaft, ist ein wichtiges Agrar-Umweltprogramm und die Freiwilligkeit ist ein wesentlicher Punkt, aber das kann natürlich aus meiner Sicht nicht alles sein. Die Frage, die sich mir hier stellt: Sind diese Spielregeln angemessen für die heutige Zeit? Und da ist meine Antwort Nein. Abgegolten wird Ertragsverlust, wenn ich zum Beispiel artenreiche Lebensräume extensiv bewirtschafte mit mehr Aufwand. Was aber nicht ausreichend abgegolten wird – und das ist, glaube ich, eine gesellschaftliche Aufgabe –, dass ich damit auch einen anderen Mehrwert schaffe, nämlich Artenvielfalt bewahre und Klimaschutz betreibe. Zum Beispiel, wenn ich einen Moorboden nicht entwässere, dann bleibt auch der Kohlenstoff, der Torf, im Boden dort, und damit das Grundwasser, das die Landwirtschaft ganz dringend braucht und vor allem in Zukunft viel mehr brauchen wird. Und das muss der Gesellschaft deutlich mehr wert sein, da braucht's Spielregeln und das Zusammenwirken von viel mehr Anreizsystemen und auch höherer finanzieller Abgeltung im Interesse der Bauern, aber auch des Klima- und Naturschutzes, das wäre, glaube ich, eine ganz wesentliche Stellschraube:

RAAB: Ich habe im Vorfeld nicht vermutet, dass wir beide uns so einig sind am Podium. Ich kann das nur unterstreichen. - In der Theorie darf man bei diesen freiwilligen Umweltprogrammen nur einen Mindererträg oder einen höheren Aufwand abgelten und sonst nichts. Wenn man bei solchen Maßnahmen nicht einen positiven Anreiz schafft, dann ist natürlich irgendwann das Ende der Fahnenstange erreicht. Da bin ich völlig der gleichen Meinung, dass da mehr möglich sein müsste. Nur kommt dann das Argument: Da muss man halt aus anderen Bereichen im Agrarbereich Mittel umschichten; aber das ist kein ehrliches Geschäft, auf der einen Seite nehme ich den Betrieben etwas weg, dass ich auf der anderen Seite etwas dazugeben kann. Da wird die Diskussion, politisch zumindest, schwierig.

ESSL: Schön, dass wir uns einig sind, was ich aber schon sehe, wenn sich in Österreich die Politik zum Teil ganz stark gegen einen Green Deal positioniert, und das unterscheidet sich zu unserer Einigkeit hier. Da würde ich mir von der politischen Entscheidung andere Positionen in Österreich erwarten.

RAAB: Wenn man die grundsätzlichen Ziele in der Verordnung liest, besteht noch in Teilen eine gewisse Einigkeit. Wenn man aber den Weg dorthin sieht, dann werden wir uns nicht einig werden.

TRAXLER: Kommen wir zu den gesundheitlichen Fragen. Braucht es, um das Problem der Fehlernährung in den Griff zu bekommen, auch hier politisch gesteuerte Marktanreize in der Preisgestaltung von Lebensmitteln, braucht es mehr Forschung, oder mehr Bildung?

FABIAN: Die Probleme der Fehlernährung anzugehen ist eine sehr große Herausforderung, noch dazu, wenn man landwirtschaftliche Produktionsbedingungen, Nachhaltigkeitsaspekte und wirtschaftliche Marktstrategien zu berücksichtigen versucht. Die Art und Weise, wie landwirtschaftliche Produktion stattfindet, hat mitunter direkte Auswirkungen auf unsere Gesundheit. Ein Beispiel ist die Intensivierung und Optimierung der Weizenproduktion hinsichtlich Ertrag und lebensmitteltechnologischer Eigenschaften. Hierfür wurden in den vergangenen Jahren Sorten gezüchtet und global eingesetzt, die ertragreicher sind und ein im Vergleich zu den „alten“ Sorten etwas anderes Eiweißmuster aufweisen. Dadurch hat das gewonnene Mehl für die weitere lebensmittelindustrielle Verarbeitung günstigere Eigenschaften. Gleichzeitig sehen wir in der Medizin aber vermehrt Patient*innen, welche Lebensmittel, die aus solchem Weizen hergestellt wurden, nicht gut vertragen. Die Regulierung der landwirtschaftlichen Produktion durch politisch vorgegebene Rahmenbedingungen, die z.B. ökologische, aber eben auch gesundheitliche Aspekte berücksichtigen, wäre bestimmt in vielen Bereichen sinnvoll, ist bei der heutzutage vielfach leistungs- bzw. profitorientierten Produktion, die in massivem Wettbewerb steht und angesichts der globalen wirtschaftlichen Vernetzung (Konzerne, Handelsabkommen etc.), sehr herausfordernd und wohl nur eingeschränkt umsetzbar. Umso wichtiger ist es daher aus meiner Sicht, auf die Vermittlung von Ernährungswissen zu setzen – also Wissen, das u.a. die landwirtschaftliche Produktion, die Herstellung von Lebensmitteln, eine nachhaltige Lebensmittelauswahl und ausgewogene Ernährungsweise beleuchtet und die enge Vernetzung all dieser Bereiche aufzeigt. Nur durch Wissen kann nämlich eine eigenverantwortliche, kritische Lebensmittelauswahl unter Berücksichtigung von ökologischen, Nachhaltigkeits- und gesundheitlichen Aspekten getroffen werden. Daten, die im Auftrag des Bundesministeriums für Soziales, Gesundheit, Pflege und Konsumentenschutz erhoben wurden, zeigen, dass das durchschnittliche Ernährungsmuster in Österreich dzt. eher ungünstig ist. Zudem ergab eine Studie der Gesundheit Österreich GmbH von 2023, dass das Ernährungswissen der Österreicher*innen vielfach unzureichend bzw. stark verbesserungswürdig ist. Von den in einem Fragebogen zum Thema Ernährungskompetenz maximal zu erreichenden 100 Punkten wurden von den Befragten durchschnittlich nur ungefähr 60 erreicht; die Rubrik „gesündere Lebensmittelauswahl" hat dabei besonders schlecht abgeschnitten. Ich denke, es wäre daher ganz wichtig, mit der Vermittlung von Ernährungswissen schon früh, also im Elementarpädagogik-Bereich, anzusetzen und bereits den Kleinsten spielerisch nicht nur Wissen über unsere Ernährung, sondern auch Freude an der Zubereitung von Speisen und gesunden Genuss zu vermitteln. Der weitere Aufbau von Ernährungskompetenz und die Darstellung der komplexen Vernetzung des Themas Ernährung mit Landwirtschaft, Umweltschutz, klimatischen Veränderungen, Nachhaltigkeit, industrieller Lebensmittelproduktion, wirtschaftlichen und politischen Interessen sowie gesundheitlichen Aspekten wäre insbesondere in der weiteren Schulzeit wünschenswert. Aber auch Erwachsenenbildung ist etwas ganz Wesentliches, wenn es um die Vermittlung von Ernährungswissen und die Verbesserung der Ernährungskompetenz in der Bevölkerung geht. Die Verantwortung hierfür nämlich nur in Bildungseinrichtungen abzuschieben, wäre nicht zielführend und würde nicht funktionieren, weil auch die Familie und das soziale Umfeld stark prägend sind und unser Ernährungsmuster maßgeblich beeinflussen. Weiters wäre auch die Integration von ernährungsphysiologischen und ernährungsmedizinischen Grundlagen in die medizinische Ausbildung wichtig, damit Ärzt*innen, die vielfach die erste Anlaufstelle bei ernährungsassoziierten Fragen sind, ein fundiertes Wissen in Sachen Ernährung haben. Hier besteht in Österreich noch großer Aufholbedarf. Eine andere Überlegung, wie man Fehlernährung durch eine günstige Lebensmittelauswahl und ausgewogene Ernährungsweise entgegnen kann, wäre z.B. neue, für Konsument*innen interessante, ernährungsphysiologisch günstige landwirtschaftlich innovative Produkte zu offerieren. Ich denke hier etwa an verschiedene Speisepilze, die auf vielfältigste Weise, u.a. zu einer Art Fleischersatz bzw. -alternative, verarbeitet werden können, oder Insekten, die je nach Art einen Proteinanteil bis 70% aufweisen und aufgrund der vergleichsweise einfachen Produktionsbedingungen einen sehr guten CO_2-Abdruck haben. Dzt. laufen auf Forschungsebene viele Bemühungen, aus Insekten innovative Lebensmittel herzustellen. Grundsätzlich sind hierfür in der EU aktuell der Mehlwurm, die Wanderheuschrecke, die Hausgrille und die Larven des Getreideschimmelkäfers zugelassen. Ob solche Produkte aber auch breite Akzeptanz bei den Konsument*innen finden werden, wird die Zukunft zeigen.

TRAXLER: Franz Sinabell, wie sehen Sie das Spannungsfeld zwischen landwirtschaftlichen Produzenten und den großen Lebensmittelkonzernen, die da auch großen Einfluss auf die Preisgestaltung haben? Was müsste sich Ihrer Meinung nach verbessern?

SINABELL: Vielleicht kurz ein paar Zahlen: Die Österreicherinnen und Österreicher haben bei der letzten Konsumerhebung 12% ihrer Haushaltsausgaben für Nahrungsmittel ausgegeben, 1960 waren das um die 40%. Das ist im Wesentlichen die Quelle dafür, dass der Wohlstand in der Gesellschaft enorm zugenommen hat, weil die Menschen weniger für Nahrungsmittel ausgeben müssen und stattdessen das Geld für andere Zwecke ausgeben können. Ob es für die Gesellschaft insgesamt besser ist, ist eine philosophische Frage, weil ja mit dem großen materiellen Konsum sehr viele negative Auswirkungen einhergehen. Was diskutiert wird, ist tatsächlich die Frage, ob nicht bestimmte Lebensmittel teurer werden sollten, denn wenn sie teurer sind, reagieren die Leute so, dass sie weniger davon konsumieren und auch sorgsamer damit umgehen, also weniger wegschmeißen. Dem steht entgegen, dass Hunderttausende Menschen in Österreich Schwierigkeiten haben, sich wirklich ausreichend und gesund zu ernähren. Das heißt, das ist ein gesellschaftliches Problem, das man natürlich schon lösen kann, indem man die armen Haushalte besser finanziell unterstützt. Die große Herausforderung, mit der wir uns auf der Ebene der Gesellschaft beschäftigen müssen, ist die Frage, welches Essen macht uns krank, wie identifizieren wir das krankmachende Essen und was tun wir, um dieses Essen zu verhindern. Wir sind da jetzt am Beginn einer Diskussion, die wir beim Rauchen vor 40 Jahren hatten. Damals ist evident geworden, dass sehr viele Krankheiten mit dem Rauchen zusammenhängen. Es hat lange Jahrzehnte gedauert, bis dieses Wissen in gesellschaftliche Rahmenbedingungen eingeflossen ist, und heute wundert sich jeder, warum wir uns so lange dagegen gesträubt haben, dass in Restaurants nicht geraucht wird. Meine Vermutung ist, dass wir jetzt beim Essen ähnlich dramatische Auswirkungen sehen. Wir müssen jetzt Maßnahmen ergreifen, um in 20, 30 Jahren dort zu sein, wo wir heute beim Rauchen sind. Immerhin sind wir schon viele Schritte gegangen, die uns in eine bessere Situation gebracht haben.

TRAXLER: Bitte ein kurzes Schlussstatement zur Zukunft der Ernährungssicherheit in Österreich. Gibt es positive Beispiele, wie kann's weitergehen?

SINABELL: Diese Frage beschäftigt mich intensiv seit der Coronakrise. Die Antwort ist positiv: Obwohl die Fläche zur Produktion von Nahrungsmitteln in Österreich immer weniger wird, ist die Produktion der Biomasse, die für Nahrung und für Fütterung aus landwirtschaftlichen Quellen produziert wird, konstant, weil die Landwirte nach wie vor produktiver sind, auch die Biolandwirtschaft, weil die Sorten und die Methoden besser werden; und in manchen Fällen ist es auch so, dass günstigere Klimabedingungen aufgrund der Erwärmung Vorteile bringen. Das hält sich die Waage mit den Nachteilen derzeit. Das Besondere an Österreich ist, wir haben überwiegend Familienbetriebe, die sehr resilient sind, die überwiegend aus eigenem Kapital die Produktion bestreiten, das heißt, sie sind weniger krisenanfällig als andere Produktionssysteme. Der zweite wichtige Punkt ist, wir haben eine sehr starke Lebensmittelwirtschaft in Österreich auf der Basis der Rohstoffe, die in Österreich erzeugt werden, und wir haben Verbraucherinnen und Verbraucher, die schon auch immer wieder zu einer Flasche italienischem Wein oder französischem Käse greifen, die aber eine starke Verwurzelung in der heimischen Produktion sehen. Das sind die drei Säulen, die maßgeblich dazu beitragen, dass wir gute Voraussetzungen haben, die Lebensmittelversorgung in Österreich aus möglichst heimischen Quellen weiterhin bestreiten zu können.

GASSELICH: Der Klimawandel hat Vor- und Nachteile, ein Vorteil ist: Es gibt Kulturen, die hätten wir uns vor 20, 30 Jahren nicht vorstellen können; bei uns im Marchfeld bei der Biolandwirtschaft hat ein Bauer vor ein paar Jahren die ersten Olivenbäume gepflanzt, und die haben alle Minustemperaturen, die es noch gibt, locker überlebt, ein Biobetrieb im Weinviertel erzeugt in der Zwischenzeit Erdnüsse, wir erzeugen Ökoreis und Lupinen. Die Landwirtschaft, die Bäuerinnen und Bauern sind bemüht, mit den Gegebenheiten fertigzuwerden. Die Familienbetriebe spielen mit. Wenn wir von der Artenvielfalt reden, in der Nähe von Laa, einer unserer Pionierbetriebe, die Schmidts, die haben auf 60 Hektar 40 verschiedene Kulturen, in dem Bereich sind wir einfach Vorbild für viele. Oder Kräuter, die waren bis dahin kein Thema, bevor nicht Johannes Gutmann hier begonnen hat, auch in der Verarbeitung Gas zu geben, und heute: ein Sonnentor-Tee, das ist ein Tee ohne Behandlung mit Pflanzenschutz und anderen Sachen. Da sind wir, die Landwirtschaft, aber vor allem die Biolandwirtschaft, auf einem guten Weg; Aber wenn sich die Bedingungen so schnell verändern wie die letzten 15, 20 Jahre, da muss manchmal vielleicht ein wenig nachgedacht werden, wie man die Rahmenbedingungen so ändert, dass das Ziel, das gesellschaftspolitisch wichtig ist, erreicht wird. Landwirtschaft betrifft alle, und ich glaube, wir brauchen in der Zukunft politischen Mut. Walter Scheel, der ehemalige deutsche Bundespräsident, hat einmal gesagt: „Es ist nicht die höchste Aufgabe von Politikern, Populismen nachzulaufen, sondern es ist die höchste Aufgabe des Politikers, Ideen, die wichtig sind, populär zu machen.“

RAAB: Wir haben in Österreich sehr unterschiedliche Voraussetzungen in der Landwirtschaft. Selbst in Niederösterreich, wenn ich beispielhaft Frankenfels hernehme oder Wastl am Wald, wo es bis zu 2000 mm regnet, und auf der anderen Seite das Marchfeld, wo es 400 mm regnet, und so weiter. Diese Unterschiedlichkeit ist aber auch eine Stärke, weil so ein Gesamtsystem resilienter ist. Das heißt, wir haben grundsätzlich eine Landwirtschaft, die in der Lage ist, auch bei steigenden Herausforderungen Ernährungssicherheit sicherzustellen, aber wir werden dazu technologische und innovative Systeme brauchen, wir werden das nicht mit den Systemen von vor 50 Jahren schaffen. Zudem müssen wir so wie bisher auch der Natur Flächen zur Verfügung stellen, um auch in diesem Bereich zukunftsfähig zu bleiben. Bei allen Schwächen, die jedes

System hat, haben wir das in Österreich in den letzten Jahrzehnten im Vergleich zu anderen Ländern sehr gut geschafft; wenn wir in dem Sinne weiterarbeiten, werden wir gemeinsam für die Zukunft die Ernährungssicherheit sicherstellen können, ich habe diesbezüglich keine Angst.

ESSL: Ich bleibe bei meinem Bild, bei diesem Boot auf offener See mit massiven Problemen zunehmend rauer See. Was ich mir wünschen würde, wäre, dass es gelingt, Richtung aufzunehmen. Ich würde mir wünschen, wir fahren zu diesem grünen Ufer dort drüben, dafür braucht's aber ein paar Dinge, um diesen Rückenwind, den wir dafür brauchen, zu erzeugen. Ich nenne jetzt zwei Zahlen, um zu illustrieren, dass es hier auch wirklich gravierende Missverhältnisse gibt, die, glaube ich, kaum jemandem bewusst sind. Das Naturschutzbudget im flächengrößten Bundesland Österreichs, in Niederösterreich, in den anderen Bundesländern wäre es ähnlich, das Naturschutzbudget in Niederösterreich sind 15 Millionen Euro, das Straßenbaubudget sind 450 Millionen Euro. Das sind die offiziellen Zahlen des Landesrechnungsabschlusses. Eins zu 30, und das ist ein völlig aus der Zeit gefallenes Missverhältnis, das illustriert, warum es einen massiven Artenrückgang gibt, unter anderem deshalb, weil es einfach auch keinen gesellschaftlichen Willen gegossen in Budgetzahlen gibt, dem etwas entgegenzusetzen und den Grundbesitzern angemessene Angebote zu machen. Das WIFO hat vor zwei Jahren eine Studie veröffentlicht, in dem es gezeigt hat, jährlich werden in Österreich eine abstrakt hohe Zahl, 5 Milliarden Euro etwa, an natur- und klimaschädlichen Subventionen ausgegeben über alle möglichen Bereiche. Es liegt also nicht daran, dass wir in Österreich nicht das Geld haben, das Richtige zu tun, sondern wir tun es einfach nicht ausreichend. Das braucht einen Diskussionsprozess, der sicher hart und schwierig sein wird, weil es nicht leicht ist; Dinge anders auszurichten heißt, vielleicht jemandem ein wenig Geld wegzunehmen, das tut weh, das wissen Sie alle, aber ich glaube, es ist notwendig und es gäbe eine breite Mehrheit dafür, die solch einen Diskussionsprozess und auch so ein Ergebnis befürworten würde, und dann sehe ich das Boot in der richtigen Richtung.

RAAB: Mit Zahlen muss man natürlich ein wenig aufpassen. 15 Millionen im Naturschutzbudget kann ich unterstreichen, aber allein im agrarischen Umweltprogramm in Niederösterreich werden für Flächen, die stillgelegt werden, deutlich mehr als 15 Millionen zusätzlich zu diesen 15 Millionen verwendet. Im gesamten ÖPUL, dem landwirtschaftlichen Umweltprogramm, finden sich in Niederösterreich 150 Millionen Euro im Agrarbudget. Ich glaube, man muss ein wenig aufpassen mit den Zahlen.

ESSL: Das stimmt natürlich, da gebe ich Ihnen recht, aber das Naturschutzbudget ist extrem unterdotiert. Das war mein Punkt.

FABIAN: Für die Vision einer „gesunden", ausgewogenen Ernährung in Österreich brauchen wir unbedingt mehr interdisziplinäre Forschung und wissenschaftliche Tätigkeit in diesem Bereich. D.h. es benötigt einerseits die Ernährungsepidemiologie, um kritische Entwicklungen und daraus resultierende gesundheitliche Problembereiche zu identifizieren, aber auch die Grundlagen- und translationale Forschung in der Medizin, um die Mechanismen von gesundheitsrelevanten Einflüssen unserer Ernährung darstellen und daraus entsprechende Empfehlungen ableiten zu können. Durch die Vermittlung von Ernährungswissen, angepasst an die verschiedenen Alters- und Bevölkerungsgruppen, sollten die Menschen sensibilisiert werden, sodass eine eigenverantwortliche, kritische, ernährungsphysiologisch günstige Lebensmittelauswahl unter dem Aspekt von Nachhaltigkeit und Achtsamkeit getroffen und ein ausgewogenes, genussvolles Ernährungsmuster umgesetzt werden kann. So tun wir nicht nur uns selbst und unserer Gesundheit etwas Gutes, sondern auch unserer Umwelt.

GUNTHER HIRSCHFELDER

WAS WERDEN WIR ESSEN? FRAGEN ZUR ZUKUNFT DER ERNÄHRUNG

Seit Beginn des 21. Jahrhunderts stehen Tier und Fleisch im Zentrum polarisierender Debatten – und konsensuelle Lösungen scheinen noch immer in weiter Ferne. Während Akteurinnen und Akteure des Tier- und Umweltschutzes für freiwillige Beschränkungen beim Fleischkonsum plädieren, regt sich anderorts Sorge angesichts der kontinuierlich teurer werdenden Fleischprodukte: Als „Döner-Schock“ titulierte etwa das deutsche Nachrichtenportal „Focus online“ den markanten Preisanstieg des Imbissgerichts, das zudem „weniger Fleisch“ enthalten sollte, auf „bis zu 10 Euro“; insbesondere die Erhöhung des Mehrwertsteuersatzes von sieben auf 19 Prozent übte hierauf neben den gestiegenen Einkaufspreisen Einfluss aus. Die Leitthemen des gegenwärtigen Ernährungsdiskurses – Umwelt, Gesundheit und Tierethik – spielen in dem paradigmatischen Bericht keine Rolle. Stattdessen wird eine andere Logik ins Feld geführt:

> Die Döner-Mahlzeit vom Imbiss ist in Deutschland sehr beliebt. Denn die Preise lagen in der Vergangenheit konstant bei gut fünf Euro. Den Schüler-Döner gab es wiederum für unter vier Euro. Im Gegenzug erhielten die Kunden eine sättigende und erschwingliche Mahlzeit. Von diesen Preisen sind die Betriebe heute weit entfernt (Mitsis 2024).

Zumindest seitens der Verbraucherinnen und Verbraucher ist die Bewertung des Fleisches ambivalent. Die stille Mehrheit konsumiert zwar gerne günstiges Fleisch in üppigen Mengen, hält sich mit öffentlichen Äußerungen jedoch eher zurück. Demgegenüber weisen öffentliche Debatten um die vermeintlich richtige Ernährung wie auch die Leitlinien europäischer Politik eine deutliche Tendenz zu einer kritischen Perspektive auf – denn Fleisch, einst Metapher für Wohlstand, Gesundheit und Fortschritt, ist seit der zweiten Hälfte des 20. Jahrhunderts zunehmend krisenhaft besetzt (Hirschfelder 2024, 15f.)

Der gedeckte Tisch als Bühne

Weit über ihre Stofflichkeit hinaus sind Tier und Fleisch tradierte Wertigkeiten und Symboliken inhärent. Menschen essen kultur- und ortsunabhängig ihr ganzes Leben lang – die Ernährung wird deshalb auch als „soziales Totalphänomen“ bezeichnet. Wie wir essen, ist eng in ein kulturelles Bedeutungsgewebe verflochten und Resultat eines tradierten historischen Prozesses (Hirschfelder 2022, 7–23). Lebensmittel sind nicht allein auf ihre Sättigungsfunktion zu reduzieren, sondern fungieren auch als Symbole: für Weltanschauungen und die Positionierung des Selbst. Der gedeckte Tisch stellt eine Bühne dar, auf der wir zeigen, wer wir sind oder gerne sein möchten. Blickt man in die Vergangenheit, galt das für das proteinreiche, energiedichte und damit exponierte Fleisch in besonderem Maße. Zunächst übten wir Menschen uns in der Jagd, später domestizierten und züchteten wir Tiere, das heißt, wir veränderten sie zugunsten besserer Nutzbarkeit. Viehhaltung diente neben der Verarbeitung von Fell, Leder und Knochen vornehmlich der Milch- und Fleischgewinnung (Winterberg/Hirschfelder 2020, 28). So spiegelt die Tierproduktion auch landwirtschaftliches Wissen der jeweiligen Epoche, technologische Innovationen und gesellschaftliche Diskurse wider: Ob Großställe und Käfighaltung als progressiv gefeiert oder als Tierquälerei kritisiert werden, ist also abhängig von der Bewertung der Konsumierenden wie auch der Politik, die in historischer Perspektive Effizienz und Tierwohl unterschiedlich gewichtete.

Als unverzichtbare Proteinquelle, die eine hohe soziale und religiöse Symbolkraft besaß, kam Fleisch in allen Kulturen eine erhebliche gesellschaftliche Bedeutung zu. Sein Konsum hatte Prestige- und Statusfunktionen; als Kraftquelle war Fleisch daher zumeist männlich konnotiert (Ebd., 29). Um nachvollziehen zu können, wie künftige Politiken ausgestaltet sein müssen, um die drängenden Nachhaltigkeitsziele mehrheitsfähig zu erreichen, soll zunächst ein kursorischer Blick in die Geschichte geworfen werden.

Fleischgeschichte im Spiegel des Zivilisationsprozesses

Gegenwärtige Diskussionen kreisen oftmals um die Frage, ob Fleisch überhaupt einen elementaren Bestandteil der menschlichen Ernährung bildet – diese Frage ist historisch betrachtet eindeutig zu beantworten: Insbesondere für die Entwicklung der frühen Hominide war der Zugang zu amino- und fettsäurehaltigen Nahrungsmitteln von hoher Relevanz. Zwar stützte sich ihre Ernährung überwiegend auf eine pflanzliche Basis, doch präferierten sie das Fleisch aller jag- und fangbaren Tiere – inklusive Insekten und Reptilien, Fischen, Schalenweich- und Krustentieren. Unsere Vorfahren erschlossen sich erst im Laufe der Zeit weitere Proteinquellen, die das Hirnvolumen von etwa 500 auf 1.300 cm^3 anwachsen ließen (Mann 2007, 102–107). Das heutige Niveau erreichten der homo sapiens neanderthalensis und der zeitgleich auftretende moderne Mensch homo sapiens sapiens vor etwa 50.000 Jahren im Mesolithikum. Nun weitete sich das Beutespektrum auch auf große Säuger aus: Höhlenbär, Wollnashorn und vor allem Mammut rückten an die Spitze des Speiseplans und konnten mithilfe künstlich erzeugten Feuers gegart werden (Winterberg/Hirschfelder 2020, 29).

Gleichwohl war das Überleben der Gattung Mensch erst mit einer weiteren revolutionären Änderung gesichert: Als das Ende der letzten Eiszeit anbrach und die Kälte wich, entwickelten sich im Zuge der *Neolithischen Revolution* vor gut 12.000 Jahren in Vorderasien – und mit zeitlichem Abstand auch in Europa – Ackerbau und Sesshaftwerdung; darüber hinaus begann man, Wildtiere zu domestizieren. Jene Faktoren führten zu einer Stabilisierung der Nahrungsaufnahme, und Tiere, etwa Ziege, Schaf, Rind, Schwein und Geflügel, zogen in den Nahbereich des Menschen, der sie vor Raubtieren schützte (Hirschfelder 2021, 169f.). Da Dung maßgeblich für das Gelingen des frühen Ackerbaus war und Leder, Wolle oder Fell einen deutlichen Gewinn an Lebensqualität bedeuteten, handelte es sich um ein Verhältnis von wechselseitigem Nutzen. In den neolithischen Kulturen, zuvorderst den frühen Hochkulturen der Sumerer, der Assyrer und im klassischen Ägypten, avancierten Nutztiere zur wichtigen Kriegsbeute und zu Statussymbolen; ferner waren sie in den Kosmos der Gottheiten integriert. Infolge der Domestizierung des Pferdes um 3.500 v. Chr. in den Steppen Asiens entstand ein Kräftedreieck zwischen Tier, Versorgung und Machtpolitik bzw. Krieg – denn das Pferd war ein Mehrnutzungstier, welches zum einen Milch, Fleisch, Leder und Dung lieferte, zum anderen aber als Kriegsgerät fungierte.

Im Römischen Reich erreichten die Nutzbarmachung des Tieres und die politische Inwertsetzung von Fleisch seit dem Ende des ersten vorchristlichen Jahrtausends eine neue Dimension: Diese Ökonomisierung galt für das gesamte Herrschaftsgebiet und prägte den europäischen, nordafrikanischen und vorderasiatischen Raum nachhaltig – doch konnte sich die Mehrheitsbevölkerung der Vormoderne selbst im strikt organisierten Römischen Reich keiner durchgehend ausreichenden Kalorienversorgung gewiss sein. Für den Mittelmeerraum betrug der durchschnittliche Fleischkonsum immerhin ca. 20 Kilogramm pro Kopf und Jahr – das Tier war nun endgültig zum Nutztier geworden. In Nord- und Mitteleuropa verdankte die keltische und germanische Bevölkerung ihren höheren Fleischverzehr einer günstigeren Boden-Mensch-Relation (Winterberg/Hirschfelder 2020, 30).

Fleisch als Basis und Achillesverse der vormodernen Ernährung

Das Mittelalter fiel im Vergleich zur strategischen Landwirtschaft und Fleischpolitik des Römischen Reiches in Anarchie zurück: Um 400 n. Chr. markierte die Völkerwanderung das Ende der Antike; nördlich der Alpen erodierten staatliche Strukturen. Im Klimapessimum des nasskalten Frühmittelalters gab es zumindest in fruchtvollen Jahren für einen Teil der Bevölkerung Fleisch im Überfluss, womöglich bis zu 100 Kilogramm pro Kopf und Jahr. Insbesondere beim Adel galt eine üppige Nahrungsaufnahme als Zeichen von hohem gesellschaftlichem Rang. Die Mahlzeiten waren gekennzeichnet von umfangreichen Mengen, primär an simpel zubereitetem Fleisch (Hirschfelder 2005, 106). Hinsichtlich der Qualität der Produkte bestanden im frühen Mittelalter kaum soziale Unterschiede; aufgrund einer fehlenden geregelten Vorratswirtschaft und der Abwesenheit eines politischen Gestaltungswillens in Fragen der Landwirtschaft sanken Lebensstandard und -erwartung markant. Nach einem langen halben Jahrhundert erfuhren Wirtschaft und Fleischkonsum sodann einen tiefgreifenden Wandel, als das hochmittelalterliche Klimaoptimum eine Expansion der Getreidewirtschaft ermöglichte. Hiermit war eine entscheidende Basis für die seit dem 11. Jahrhundert wellenartig einsetzenden Städtegründungen geschaffen. Zwar nahmen sich die Territorien kaum Themen der Tierhaltung an – lediglich im Bereich der Abgaben traten die Staaten auf den Plan –, doch ereignete sich auf dem Gebiet der lokalen Verwaltungen Revolutionäres: Der Umgang mit dem Tier wurde professionalisiert. Es entstand eine Vielzahl von Handwerksberufen, die sich mit der Verwertung von Tieren befassten. Orte und Zeiten des Schlachtens wurden exakt festgelegt, Ordnungen regelten das Wirken von Schlachtern und Metzgern sowie deren Ausbildung und bestimmten die Art der Wurstzubereitungen. Insbesondere die städtische Fleischbeschau resultierte in einem Rückgang des Parasitenbefalls beim Menschen – Hygiene erlangte an Bedeutung. Unter den Nutztieren rückte das Hausschwein in eine Spitzenposition; mit Abstand folgten Hausrind, Schaf und Ziege, während der Adel, welcher über das Jagdprivileg verfügte, sein Augenmerk auf Wild legte (Winterberg/Hirschfelder 2020, 30).

In ordnungspolitischer Hinsicht gewann die katholische Kirche an Wirkmacht. Sie erhob vielerorts Anspruch auf Sachleistungen, die von der Bevölkerung zu entrichten waren. Kirchliche Ordnungen legten die Zeiten fest, in denen Fleisch gegessen oder darauf verzichtet wurde. Zu den gravierendsten Einschnitten in die Autonomie der Nahrungsfreiheit zählten die verbindlichen Fastenzeiten vor Weihnachten und Ostern.

Die Entdeckung Amerikas 1492 und die Reformation 1517 läuteten den Beginn der Neuzeit ein und markierten einen tiefen Einschnitt in sämtliche Bereiche von Gesellschaft und Wirtschaft. Obgleich sich die Strukturen des Fleischverzehrs kaum änderten, schwankten die Mengen erheblich: So ging der Fleischverbrauch zwischen 1500 und 1800 von knapp 100 auf rund 16 Kilogramm pro Kopf und Jahr zurück (Teuteberg/Wiegelmann 1995, 99), was einen weitverbreiteten Proteinmangel nach sich zog. Nun waren die faktisch konsumierten Mengen vornehmlich von sozialen Zugehörigkeiten (z.B. Stand) sowie räumlicher (z.B. Stadt/Land) und zeitlicher Verortung (z.B. Konjunkturen) abhängig. Zwei politische Faktoren wirkten besonders stark auf den Fleischkonsum: Erstens katapultierte der Dreißigjährige Krieg – einhergehend mit Hungernöten und der Erosion gewachsener Strukturen – Deutschland wie Österreich auf den Stand eines Entwicklungslands zurück; zweitens zog die politisch durchgesetzte Zementierung einer hierarchischen Ständegesellschaft eine gesellschaftliche Erstarrung nach sich und hemmte Dynamiken in den Bereichen Argrarentwicklung und der Fleischkultur (Winterberg/Hirschfelder 2020, 30f.).

Tier und Fleisch in Zeiten der Industrialisierung

Infolge der Industrialisierung des 19. Jahrhunderts avancierte Fleisch zum Alltagsgut breiter Massen – allerdings erst in langfristiger Perspektive und mit zunehmendem Wohlstand, zumal die Frühphase bis 1850 noch durch Mangel und periodischen Hunger gekennzeichnet war. Bald stieg der Verbrauch jedoch an und erreichte um 1900 ca. 50 Kilogramm pro Kopf und Jahr. Neue Dynamiken wurden durch die Auflösung des Zunftzwangs und die Gewerbefreiheit in Bewegung gesetzt. In weiten Kreisen von Gesellschaft, Wissenschaft, Wirtschaft und Politik erfuhr hoher Fleischkonsum nun als Zeichen von Wohlstand und Gesundheit massive Förderung. Während Schweinefleisch die Spitze des Marktes erklomm, blieben Rind, Geflügel und Wild hochpreisig und landeten eher auf den Tellern der Ober- und Mittelschichten. Die bürgerlichen Kochbücher des 19. Jahrhunderts führen vor Augen, wie stark Fleisch in der Ernährung gewichtet war: Außer freitags, wenn man in katholisch geprägten Gebieten Fisch aß, war es in Form von Speck, Schinken und Würsten aus Schweinefleisch für jeden Tag vorgesehen. Vor allem als Festtagsspeise waren Rind- und Kalbfleisch, zunehmend auch Huhn, populär. Aus den Kochbüchern geht ferner hervor, dass Menschen, die ihre eigene Nahrung zuvor selbst angebaut hatten, nun vieles zukaufen mussten und sich von der Lebensmittelerzeugung entfremdeten – Fleisch wurde sukzessive als ein vom Tier entkoppeltes Produkt wahrgenommen (Winterberg/Hirschfelder 2020, 31).

Im 20. Jahrhundert rückte die Fleischproduktion vermehrt in das Blickfeld der Politik. Tierethische Aspekte standen aber noch lange nicht auf der politischen Agenda – vielmehr ging es um die Versorgung der breiten Bevölkerung mit möglichst preiswertem Fleisch. Durch die Inflation und die Wirtschaftskrise der Weimarer Zeit, vor allem aber die beiden Weltkriege und das NS-Regime gestaltete sich das Verhältnis von Politik, Tier und Fleisch komplexer. Mit den Krisen ging Mangelernährung einher, Verteilung rückte in den Vordergrund, und Aspekte des Tierwohls blieben auf der Strecke. Parallel visierten die Nationalsozialisten an, der Tierzucht eine wissenschaftliche Basis zu verleihen und sie zu optimieren, während die vom Regime Verfolgten, primär Menschen jüdischer Herkunft und Glaubens, unter Nahrungs- und Fleischentzug litten. Ebenso wie Kriegsgefangene wurden die Bevölkerungen der überfallenen osteuropäischen Länder zu Millionen dem Hungertod ausgesetzt. Nutztiere in diesen besetzten Gebieten wurden entweder getötet oder ausschließlich Deutschen zur Verfügung gestellt – die womöglich fatalste Fleischpolitik der Geschichte (Hirschfelder 2021, 181f.) Kontrastierend hierzu war die Wirtschaftswunderzeit der beginnenden zweiten Jahrhunderthälfte dann erneut durch einschneidende Konsumsteigerungen gekennzeichnet: Von anfangs ca. 35 Kilogramm pro Kopf/Jahr konnte der Verzehr in den 1960er-Jahren auf über 60 Kilogramm nahezu verdoppelt werden und verharrte lange auf einem hohen Konsumplateau. Dieses Muster traf auch auf die DDR zu, in der die staatliche Planung die hohe Wertigkeit des Fleisches erkannte und eine mit der BRD vergleichbare Versorgung sicherstellte.

Fleisch: Vom Wohlstands- zum Krisensymbol

Fleischpolitik ist heute angesichts wirkmächtiger Assoziationen von Tierqual, Profitorientierung und Intransparenz vielmehr Rechtfertigungs- und Vermeidungs- denn Versorgungspolitik. Entlang ökonomischer Gesichtspunkte löst die Bereitstellung von Fleisch primär Unbehagen und Misstrauen aus. Periodisch auftretende Lebensmittelskandale schürten an der Wende zum 21. Jahrhundert Skepsis und Vorbehalte: Kälber-„Hormonfleisch" (1980er-Jahre), die sogenannte BSE-Krise (1990er-Jahre), durch Industriefette und Unkrautvernichter mit Dioxin bzw. Nitrofen belastetes Futtermittel (2000er-Jahre), mit antibiotikaresistenten Keimen, Salmonellen und Listerien kontaminierte Geflügel-, Fleisch- und Wurstprodukte (2010er-Jahre) – und stets von Neuem Schlagzeilen zu sogenanntem „Ekel-" oder „Gammelfleisch" (Settele 2022, 68–89). Tierhaltung und Fleischproduktion gestalten sich grenzüberschreitend und komplex, verlangen auf vielschichtigen Ebenen Expertise und entziehen sich weitgehend der individuellen Erfahrung von Bevölkerungsmehrheiten. Verbraucherinnen und Verbraucher besichtigen kaum einmal einen modernen Schweinestall – und möchten es in der Regel auch nicht. Einerseits leben sie mit idealisierten Vorstellungen, die sich aus Bauernhofromantik und Werbebildern speisen, sehen sich aber andererseits auch mit medial vermittelten Skandalen und Skandalisierungen konfrontiert. Wunsch und (vermittelte) Wirklichkeit sind immer seltener in Einklang zu bringen. Die Landwirtschaft ist zum Feindbild mutiert – nicht zuletzt, weil die Branche über Dekaden eher defensiv agierte, intransparent und kommunikationsverschleiernd auftrat (Winterberg/Hirschfelder, 2020, 32).

Die Forderung, mit Blick auf die Tierhaltung zurück zu einer idyllischen Vormoderne zu kehren, fußt jedoch auf ahistorischen Illusionen – denn die Haltungsbedingungen stellten sich in der Vergangenheit, gemessen an heutigen Standards, zumeist schlechter dar. Es galt, Tier und Fleisch maximal effizient zu verwerten, die Fleischqualität war häufig bedenklich und ernährungsbedingte Erkrankungen und Todesfälle standen auf der Tagesordnung. Indes ziehen nicht nur Tierhaltung und Fleischproduktion Kritik auf sich, sondern auch Konsum und Essgewohnheiten. Während bereits antike Diätetik oder die Lebensreformbewegung der Kaiserzeit einen sensiblen Umgang mit Ernährung und Tier diskutierten, regte sich in den westlichen Ländern erst im letzten Drittel des 20. Jahrhunderts in Anbetracht verschärfter Umweltproblematiken massive Kritik. Mit Wellen schlagenden Publikationen wie *Silent Spring* (1962) und den *Limits to Growth* (1972) oder der Fernsehserie *Ein Platz für Tiere* (1956–1987) setzten die Biologin Rachel Carson und der Club of Rome oder auch der Frankfurter Zoodirektor Bernhard Grzimek den Grundstein für ein neues Umweltbewusstsein, das die Fragilität des globalen Ökosystems erkannte und die Abkehr von dominanten Produktions- und Konsumweisen von Fleisch als notwendig erachtete. Ernährungsstile, die den Fleischverzicht zum zentralen und identitätsstiftenden Baustein erhoben, erfassten seit den 1980er-Jahren die gesellschaftliche Mitte. Aus dem Trend zum Vegetarismus und Veganismus spricht seit der Wende zum 21. Jahrhundert eine erbitterte Klage gegen die Fleischproduktion. Fleisch ist in weiten Teilen der (medialen) Öffentlichkeit und der Politik zum Skandalon avanciert (Hirschfelder 2024, 34f.). Zwar sank sein Verzehr etwa im grundsätzlich fleischaffinen Österreich von 66,8 Kilogramm im Jahr 2007 auf 58,6 Kilogramm im Jahr 2022 (Statista 2024), global betrachtet steigt er jedoch kontinuierlich.

Während ein hoher Fleischkonsum über die gesamte Zivilisationsgeschichte hinweg mit Macht und Wohlstand oder Vitalität und Stärke assoziiert wurde (Trummer 2015), ist er inzwischen zur Chiffre für Fehlernährung, Umweltzerstörung und Tierleid geworden (Winterberg/Hirschfelder 2020, 33). Aus globaler Sicht wird deutlich, dass die Tierhaltung in ihrer derzeitigen Größenordnung höchst problematisch ist – insbesondere angesichts der Tatsache, dass die Weltbevölkerung von rund drei Milliarden Menschen im Jahr 1960 auf über acht Milliarden im Jahr 2023 angewachsen ist und bis 2050 voraussichtlich zehn Milliarden erreichen wird; Landgrabbing, Wasserverbrauch, Flächenfraß, Emissionen und Artensterben sind bereits real. Etwa zwei Drittel der weltweit landwirtschaftlich nutzbaren Flächen können lediglich als Grasland genutzt werden, nicht für andere Feldfrüchte (Baron/Voget-Kleschin 2016, 263), gleichwohl wird fast ein Drittel des Ackerlands weltweit für den Anbau von Futtermitteln verwendet (FAO-GLEAM). Darüber hinaus trägt die Viehhaltung zu bis zu 30 Prozent des globalen Biodiversitätsverlustes bei. Vor allem CO_2, Methan, Lachgas, Ammoniak und Nitrate stellen wesentliche Umweltbelastungen dar (Winterberg/Hirschfelder 2020, 33). Gegenwärtig wird nicht nur über die Umweltbilanz der Tierhaltung und Fleischproduktion kontrovers debattiert, sondern auch über das Wohl der Tiere und ihre artgerechte Haltung, jüngst auch über die Funktion der Tiererzeuger. Die Politik sieht sich mit einem unauflösbaren Dilemma konfrontiert – denn während Verbraucherinnen und Verbraucher ideell für eine vermehrte Abkehr vom Tier plädieren, fallen tatsächliche Konsumentscheidungen oftmals zugunsten erschwinglicher Fleischprodukte aus. Landwirte fühlen sich von der Gesellschaft missverstanden, in politischen Grabenkämpfen aufgerieben, bürokratisch überfordert und in Bezug auf die europäische wie auch die österreichische Agrarpolitik in ihrer Existenz bedroht (Wittmann 2021). Wenngleich Bauernproteste – anders als in Deutschland – in Österreich zunächst weitgehend ausblieben, forderten im März 2024 geschätzt 1.000 Landwirte in Pöndorf die allumfassende Herkunftskennzeichnung von Lebensmitteln, eine Anwendung der hohen heimischen Standards bei Importware sowie den realen Erhalt von Landwirtschaftsgeldern und Förderungen (Altmann 2024).

Eine Zukunft ohne Tiere?

Öffentliche Diskussionen sind hinsichtlich der Zukunft von Landwirtschaft und Tierhaltung in Deutschland, aber auch in Österreich moralisch-ethisch gefärbt. Mehr Tierwohl, weniger Fleischkonsum und höhere gesundheitliche wie auch ökologische Verantwortung erscheinen alternativarm, zumal ernährungspolitische wie auch mediale Imperative die Debatte kontinuierlich befeuern. Ein Blick in die Zukunft bleibt unscharf, vor allem aus Perspektive der Wissenschaften: Sie operiert auf der Basis von Daten – und aus der Zukunft liegen keine Daten vor. Dennoch sei im Folgenden eine Prognose gewagt.

Zum einen haben uns die letzten drei bis fünf Jahrzehnte vor Augen geführt, dass sich eine Sensibilisierung für die Nebenfolgen dominanter Wirtschafts- und Konsumweisen zumindest in Teilen der Gesellschaft intensiviert und allmählich verstetigt hat. Dies deutet darauf hin, dass das Produktangebot zunehmend ausdifferenziert wird, analog zu multiplen Ernährungsstilen und -trends; womöglich wird sich auch die konventionelle Landwirtschaft verstärkt an biologisch-ökologischen Prinzipien orientieren. Ob in naher Zukunft durch die verschärften Auswirkungen der Klimakrise neben der „Flugscham" auch eine „Fleischscham" an Bedeutung erlangen wird, bleibt unklar, ist jedoch angesichts der kulturhistorisch tief verwurzelten Essgewohnheiten eher unwahrscheinlich (Winterberg/Hirschfelder 2020, 33). Dennoch stufte jüngst die Deutsche Gesellschaft für Ernährung (DGE) – im Unterschied zu früheren Positionen – in einem aktuellen Positionspapier eine ausgewogene vegane Ernährung für gesunde Erwachsene als empfehlenswert ein. Erstmals integrierte die Fachgesellschaft auch Aspekte der Nachhaltigkeit in ihre Empfehlungen: Eine gesundheitsbewusste und ökologisch nachhaltigere Ernährung besteht demgemäß zu mehr als 75 Prozent aus pflanzlichen und zu maximal 25 Prozent aus tierlichen Lebensmitteln (Klug et al. 2024).

Visionen wie „In-vitro-Fleisch" oder konkrete Angebote wie „Beyond Meat" künden gar von einer Post-Fleisch-Ära: Zwar sind derartige Produkte in tradierten Mustern verhaftet und bedienen unser Bedürfnis nach tierischer Kost – sie schlagen potenziell aber auch Brücken zu einer Zeit, in der die Proteinversorgung ohne Viehhaltung konzipiert und verwirklicht wird. In Anbetracht einer stetig wachsenden Weltbevölkerung, gravierender Ressourcenkonflikte und einer globalen Bedrohung durch klimabedingte Extremwetterereignisse dürften Fragen nach globaler wie lokaler Ernährungssicherheit zumindest weiter an Relevanz erlangen. Bereits jetzt wird kontinuierlich nach Antworten gesucht, etwa in Verbindung mit bioökonomischen Innovationen: Die Nutzung von Algen oder Insekten als Basis von Viehfutter könnte womöglich mittelfristig den Versorgungsstatus stabilisieren (Grossarth/Hirschfelder 2022).

Die vorhergehende Skizzierung vergangener Ernährungslagen, die von permanentem Mangel an Nahrung und der Hochschätzung tierischer Lebensmittel geprägt waren, verdeutlicht aber auch, dass gegenwärtige Debatten um Tierwohl oder Veganismus als Ausdruck eines wohl nicht ewig bestehenden Wohlstands und Überflusses lesbar sind. Obgleich es uns als Normalität erscheint, über Fleisch und weitere Lebensmittel in umfangreichen Mengen und hoher Qualität zu verfügen, fallen die letzten 150 Jahre mit Blick auf die Geschichte des Menschen und seiner Ernährung kaum ins Gewicht: Phasen der Unsicherheit und des Mangels drohen durch die Folgen des Klimawandels, die Fragilität des Friedens in der westlichen Welt, die Ausbreitung neuer Seuchen und potenzielle Antibiotikaresistenzen. Auf Fleisch zu verzichten, hätte dann vielmehr mit Verfügbarkeit denn mit Identität zu tun. Dass der Konsum angesichts sinkender Ressourcen, Klimaerwärmung und krisenhafter Entwicklungen kostenintensiver und damit weniger demokratischer wird, ist wahrscheinlich. Berücksichtigt werden muss ferner, dass wir in einer multiethnischen und multireligiösen Gesellschaft leben, 27 Prozent der Menschen in Österreich einen Migrationshintergrund aufweisen (Statistisches Jahrbuch 2024) und Essen als wirkmächtiger Identitätsanker fungiert – dabei ist Fleisch primär bei Migrierten aus Osteuropa, dem arabischen Raum und afrikanischen Ländern positiv besetzt (Hirschfelder 2022, 18).

Letztlich bleibt die Geschichte der Prognostik die Geschichte ihres Nichteintreffens – daher könnte die Zukunft der Erde auch ein neues Verhältnis zwischen Mensch, Tier und Umwelt bedeuten. Ist es möglich, die ozeanische Aquakultur von der terrestrischen Landwirtschaft zu emanzipieren? Werden wir im 22. Jahrhundert die Wiederkäuer der Meere entwickeln? Wird sich im Bioreaktor gezüchtetes Fleisch – bisher nur zugelassen in den USA und in Singapur – in der EU durchsetzen und auch zu marktfähigen Preisen produziert werden? All das bleibt vorerst ungewiss. Die Vereinten Nationen haben das Jahr 2024 zum „Jahr der Kamele" deklariert. Für Millionen Familien seien die Tiere in mehr als 90 Ländern der Welt der Schlüssel, um ihren Lebensunterhalt zu sichern: Sie liefern Wolle, Milch und wertvollen Dünger, sind zuverlässige Last- und Tragetiere. Dieses Beispiel illustriert schließlich, dass ein gutes Leben ohne Tiere – vor allem in globaler Perspektive – kaum möglich sein wird.

Literatur

Altmann, Torsten (2024): Bauernprotest in Pöndorf: „Es ist ein Zeichen, dass wir unzufrieden sind". Auf: Top Agrar Österereich (https://www.topagrar.com/oesterreich/es-ist-ein-zeichen-dass-wir-nicht-zufrieden-sind-a-20001202.html, aufgerufen am 13.07.2024).

Baron, Mechthild/Voget-Kleschin, Lieske (2016): Böden, in: Ott, Konrad/Dierks, Jan/Voget-Kleschin, Lieske (Hrsg.): Handbuch Umweltethik. Stuttgart, 262–267.

FAO: Global Livestock Environmental Assessment Model (GLEAM). Auf: FAO. Food and Agriculture Oganization of the United Nations (www.fao.org/gleam/en/, abgerufen am 13.07.2024).

Grossarth, Jan/Hirschfelder, Gunther (2022): Future Food, Trends und Prognosen, in: Hirschfelder, Gunther (Hrsg.): Wer bestimmt, was wir essen? Ernährung zwischen Tradition und Utopie, Macht und Moral. Stuttgart, 153–176.

Hirschfelder, Gunther (2005): Europäische Esskultur: Geschichte der Ernährung von der Steinzeit bis heute. Studienausgabe. Frankfurt a. M./New York.

Hirschfelder, Gunther (2021): Nahrungsfette und Proteine – Zentrale Bausteine der Ernährung im Spannungsfeld von Kultur und Physiologie, in: Dr. Rainer Wild-Stiftung (Hrsg.): Zucker – Fette – Proteine. Makronährstoffe im interdisziplinären Diskurs. Heidelberg, 160–193.

Hirschfelder, Gunther (2022): Essen heute. Praktiken, Diskurse, Widersprüche, in: Ders. (Hrsg.): Wer bestimmt, was wir essen? Ernährung zwischen Tradition und Utopie, Markt und Moral. Stuttgart, 7–23.

Hirschfelder, Gunther (2024): Fleisch – vom Wohlstandssymbol zur Krisenmetapher, in: Ders./Winterberg, Lars/John, René, Rückert-John, Jana/Schirmer, Corinna (Hrsg.): Fleischwissen. Zur Verdinglichung des Lebendigen in globalisierten Märkten. Göttingen (= Umwelt und Gesellschaft Bd. 29), 15–40.

Klug, Alessa/Barbaresko Janett/Alexy Ute/Kühn, Tilman/Kroke, Anja/Lotze-Campen, Hermann/Nöthlings, Ute/Richter, Margrit/Schader, Christian/Schlesinger, Sabrina/Virmani, Kiran/Conrad Johanna/Watzl, Bernhard (2024): Neubewertung der DGE-Position zu veganer Ernährung. Positionspapier der Deutschen Gesellschaft für Ernährung e. V. (DGE), in: Ernährungs Umschau 71(7), 60–84.

Mann, Neil J (2007).: Meat in the human diet. An anthropological perspective, in: Nutrition and Dietetics 64, 102–107.

Mitsis, Konstantinos (2024): Weniger Fleisch und Aufpreisliste. Mit dem Starbucks-Trick umgehen Dönerbuden satte Preiserhöhungen. Auf: Focus Online (https://www.focus.de/finanzen/news/wegen-mehrwertsteuer-doener-schock-droht-weniger-fleisch-bis-zu-10-euro_id_259545294.html, abgerufen am 04.01.2024).

Settele, Veronika (2022): Die Ernährungsindustrie am Pranger, in: Hirschfelder, Gunther (Hrsg.): Wer bestimmt, was wir essen? Ernährung zwischen Tradition und Utopie, Markt und Moral. Stuttgart, 68–89.

Statista (2024): Pro-Kopf-Konsum von Fleisch in Österreich in den Jahren 2007 bis 2022. Auf: Statista (https://de.statista.com/statistik/daten/studie/287345/umfrage/pro-kopf-konsum-von-fleisch-in-oesterreich/, abgerufen am 12.07.2024).

Statistisches Jahrbuch (2024): Migration & Integration. Zahlen, Daten, Indikatoren. Wien.

Teuteberg, Hans Jürgen /Wiegelmann, Günter (1995): Nahrungsgewohnheiten in der Industrialisierung des 19. Jahrhunderts. Münster.

Trummer, Manuel (2015): Die kulturellen Schranken des Gewissens – Fleischkonsum zwischen Tradition, Lebensstil und Ernährungswissen, in: Hirschfelder, Gunther/Ploeger, Angelika/Rückert-John, Angelika/Schönberger, Gesa (Hrsg.): Was der Mensch essen darf. Ökonomischer Zwang, ökologisches Gewissen und globale Konflikte. Wiesbaden, 63–79.

Winterberg, Lars/Hirschfelder, Gunther (2020): Fleisch als Kulturgut: Traditionen und Dynamiken, in: Ernährung im Fokus 01, 28–33.

Wittmann, Barbara (2021): Intensivtierhaltung. Landwirtschaftliche Positionierungen im Spannungsfeld von Ökologie, Ökonomie und Gesellschaft. Göttingen (= Umwelt und Gesellschaft Bd. 25).

JOSEF SETTELE

BIODIVERSITÄT ALS VERSI-CHERUNG FÜR DIE ZUKUNFT [2]

- Je mehr Arten wir verlieren, umso geringer ist das Potenzial, dass bei veränderten Bedingungen eine geeignete Art einspringen kann.
- Umgekehrt stellt Artenvielfalt eine Art Zukunftsversicherung dar.
- Die Vielfalt des Lebens ist gewissermaßen Teil einer „Solidargemeinschaft", die in Schadensfällen eintreten kann, die durch Klimawandel, Parasiten oder Ackergifte verursacht wurden.
- Dieser Eintritt erfolgt auch zum Nutzen des Menschen.
- Der Mensch muss sein Verhältnis zur Natur ändern, wenn er diese Versicherung künftig noch angemessen in Anspruch nehmen möchte.

1.

Die Empfehlung zur Aufrechterhaltung der genetischen Vielfalt resultiert aus dem Bestäubungs-Assessment des IPBES (Intergovernmental Science-Policy Platform on Biodiversity and Ecosystem Services)[3]. In der genetischen Vielfalt liegt das Evolutionspotenzial der Arten. Es reduziert das Aussterberisiko einer Art, da es innerhalb einer Art immer auch Individuen gibt, die mit Veränderungen der Rahmenbedingungen, wie z.B. dem Klimawandel, besser zurechtkommen als der Durchschnitt aller Populationen einer Art.

Im Prinzip gilt das dann genauso auf der Ebene der Arten. Je mehr Arten einer Gruppe wir haben, umso höher ist die Chance, dass eine für die andere unter veränderten Bedingungen einspringen kann. Das ist beispielsweise wichtig bei der Betrachtung der Bienenarten jenseits der Honigbiene. Die Honigbiene ist bei uns ja nur eine von Hunderten verschiedener Bienenarten. Während es der Honigbiene recht gut geht – das ist für ein Nutztier auch nicht so überraschend –, also ihre Bestände nicht gefährdet sind,

2 Quelle: ESKP (2020) Interview mit Prof. Dr. Josef Settele (Helmholtz-Zentrum für Umweltforschung UFZ). In: Earth System Knowledge Platform (Hrsg.), ESKP-Themenspezial Biodiversität im Meer und an Land. Vom Wert biologischer Vielfalt (S. 14–21). Potsdam: Helmholtz-Zentrum Potsdam, Deutsches GeoForschungsZentrum GFZ. doi: 10.2312/eskp.2020.1 Bearbeitung des Interviews: Ursula Baatz. Dank an Prof. Dr. Settele für die Zurverfügungstellung des Textes.

3 Zusammen mit weiteren Expertinnen und Experten leitete Prof. Dr. Josef Settele vom Helmholtz-Zentrum für Umweltforschung (UFZ) im Auftrag der Vereinten Nationen von 2016 bis 2019 die Erstellung des Globalen IPBES-Berichts zum Zustand der Ökosysteme und der Artenvielfalt.

ist die Lage bei den Wildbienen wesentlich kritischer. Etwa die Hälfte der Wildbienenarten ist im Rückgang begriffen und somit gefährdet. Je mehr Arten wir verlieren, umso geringer ist das Potenzial, dass bei veränderten Bedingungen eine geeignete Art einspringen kann. Dies ist bei praktisch allen Ökosystemleistungen relevant, ist aber bei der Bestäubung besonders offensichtlich.

2.

Bei der Sicht auf Biodiversität als Versicherung geht es ja nicht so sehr um den direkten monetären Schadensausgleich durch die Solidargemeinschaft (menschlicher) Versicherungsnehmer. Es betrifft bereits die Behebung einer Schadensursache bzw. die Minderung des Risikos beim Ausfall einer Art oder Varietät, wenn sie durch eine andere Art oder Varietät funktional zumindest in erheblichen Anteilen ersetzt werden kann. Also wird der Schaden oder das Risiko durch den Eintritt einer Variation für eine andere begrenzt – und zwar auch in seinen ökonomischen Folgen für den Menschen. Das hatte ich schon am Beispiel der Bienen angerissen, deren weltweiter Beitrag zur menschlichen Ernährung einen monetären Wert von mehreren Hundert Milliarden Euro pro Jahr aufweist.

Ein anderes Beispiel ist die Banane. Die heute sehr gängige Sorte „Cavendish" war einst als Ersatz für eine andere von Pilzen betroffene Sorte, gewissermaßen zur Schadensabwendung im großen Stil, angebaut worden. Doch jetzt ist sie selbst bedroht – wiederum durch einen Pilz, der sogenannten Panamakrankheit TR4. Lösungen für dieses Problem könnten resistente, genetisch veränderte Bananen sein. Häufig ist aber bei resistenten Sorten über kurz oder lang eine Anpassung des „Schadorganismus" – hier also des Pilzes – zu beobachten, die diese Resistenzen dann überwindet, insbesondere wenn diese auf großen Flächen als Monokulturen angebaut werden. Ein diversifizierter Anbau mit einer größeren Sortenvielfalt ist viel weniger anfällig, da die Wahrscheinlichkeit größer ist, dass er Varietäten beinhaltet, denen der Schädling nicht so viel anhaben kann. Eben jene Varietäten stellen die Basis der Zukunftsversicherung dar.

3.

Die Vielfalt des Lebens ist Teil der Solidargemeinschaft, die in Schadensfällen eintritt, die durch Klimawandel, Parasiten oder Ackergifte verursacht wurden. Dieser Eintritt erfolgt durchaus auch zum Nutzen des Menschen als Forcierung einer Ökosystemleistung. Beispielsweise konnten wir in den letzten Jahrzehnten zeigen, dass bewässerter Reisanbau in Asien keine großen Schädlingsprobleme hat, solange – und das ist zunächst kontraintuitiv – nicht gegen Schädlinge gespritzt wird (Settele et al., 2018, 2019).

Der Einsatz von Insektiziden zerstört die Vielfalt der Nützlinge. Zudem ermöglicht er den Schädlingen eine beschleunigte Erholung ohne Feinde und dadurch entsprechendes Wachstum. Dies führt zunächst zu gravierenden Ausbrüchen und schließlich zu Verlusten. Die Vermeidung von Insektiziden hat in diesem System die Bewahrung einer hohen Artenvielfalt zur Folge, die immer viele Arten umfasst, welche als Gegenspieler der Schädlinge aktiv werden können.

Insofern also der Erhalt von Biodiversität eine Zukunftsversicherung darstellt, hat der Mensch die Option, die Verpflichtung zu übernehmen, die Diversität des Lebens aktiv zu schützen, und kann damit grundlegend sein Verhältnis zur und Verständnis von „Natur“ verändern. Letzteres ist eine zentrale Komponente des transformativen Wandels, den wir im Rahmen unseres globalen Assessments als Basis für zukunftsorientierte Entwicklung herausgearbeitet haben. „Wir“ umfasst in diesem Falle auch die Staatengemeinschaft, denn das Dokument ist in Coproduktion der Wissenschaftlichen Community mit den Regierungsdelegationen im Konsens verabschiedet worden (IPBES, 2019).

4.

Eine Studie unter Leitung der TU München hat nachgewiesen, dass die Insektenbiomasse in Deutschland stark zurückgeht (Seibold et al., 2019). Sie beschreibt eines der ersten großen Ergebnisse der DFG-Exploratorien aus dem Bereich der Insekten. Die Extrapolatorien liegen in drei Regionen Deutschlands: der Schwäbischen Alb in Baden-Württemberg, dem thüringischen Nationalpark Hainich und im Biosphärenreservat Schorfheide-Chorin in Brandenburg. Hier wurden Daten der letzten 10 Jahre im Zeitraum zwischen 2008 und 2017 analysiert, wobei die höheren Biomassen alle am Anfang der Untersuchungsperiode standen und ab der zweiten Hälfte der Untersuchungen dann auf einem niedrigeren Niveau in etwa konstant blieben.

Wie bei vielen Studien ist es auch hier nicht einfach, die Ursachen herauszufiltern. Wir haben oft das Problem, dass wir mit den nun zahlreicher werdenden neueren Studien vermutlich den Ausklang einer Entwicklung beobachten, die schon über lange Zeit anhält. Das zeigt sich auch beim europäischen Grünland-Indikator der Tagfalter, für den wir seit 1990 quantitative Daten haben (Van Swaay et al., 2019). In diesen Indikator fließen seit 2005 auch die Daten zu den Tagfaltern in Deutschland ein. In Bezug auf diese Daten können wir in diesem Zeitraum keinen Trend bei den Individuenzahlen beobachten. Sehr wohl zeigt sich aber ein Rückgang der Artenzahlen – sowohl innerhalb als auch außerhalb von Schutzgebieten (Rada et al., 2019).

Hier wie auch bei der DFG-Studie sehen wir einen Rückgang der sogenannten Gamma-Diversität. Sie zeigt uns an, dass Arten über Regionen hinweg verloren gehen, und ebenso, dass wir eine Homogenisierung der Artenbestände haben. Das bedeutet, dass sich die Arteninventare überregional ähnlicher werden. Die DFG-Studie legt nahe, dass die meisten Triebkräfte des Arthropodenrückgangs auf größeren Skalen wirken. Sie stehen zumindest beim Grünland in Zusammenhang mit der Landschaft und damit der Landnutzung in der Umgebung dieser Gebiete.

5.
Für Gegenmaßnahmen impliziert dies, dass sich die Politik stärker auf die Landschaftsskala konzentrieren muss, um die negativen Auswirkungen der Landnutzung und somit der Veränderung der Landschaft in den Griff zu bekommen, die lokal vielleicht gar nicht so gut wahrzunehmen ist. Auch Klima-Effekte könnten hier eine Rolle spielen. Die genauen Zusammenhänge sind jedoch noch unklar.

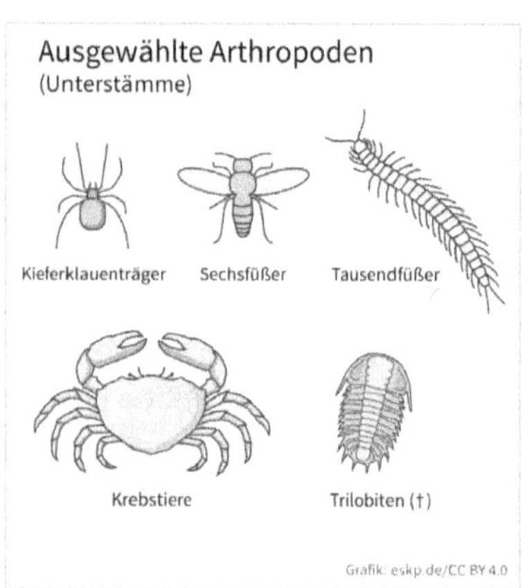

Abb. 1: Übersicht über ausgewählte Arthropoden. Grafik: Wissensplattform Erde und Umwelt, eskp.de / CC BY 4.0

All diese Forschungsergebnisse deuten darauf hin, dass letztlich der transformative Wandel in unserem Wirtschaften – national wie international – eine wichtige Voraussetzung für eine nachhaltige Zukunft darstellt. Wie oben erwähnt, ist ein Zugang in Partnerschaft mit der Natur notwendig. Dies umfasst auch ein wesentlich besser koordiniertes Vorgehen über Landschaften und verschiedene Sektoren wie Land- und Forstwirtschaft, Verkehr und Planung hinweg. Partnerschaft umfasst also auch eine Partnerschaft der verschiedenen Akteure.

Es gibt bereits erste Programme, wie die berühmten Blühstreifen. Diese bringen jedoch noch einige Probleme mit sich. Zum Beispiel können die Blühstreifen durch rechtliche Vorgaben maximal fünf Jahre bestehen bleiben, danach müssen sie wieder in die eigentliche Nutzfläche integriert werden. Zudem hängt das Überleben von Bestäubern nicht nur von den Nahrungsquellen ab, man braucht auch Nisthabitat. Da sind beispielsweise offene Bodenstellen für viele Arten eine wichtige Komponente. Dies könnte erreicht werden, indem Weg- und Heckenränder nicht zu gepflegt daherkommen, sondern ein wenig Chaos und Störung zugelassen wird. Diese Maßnahmen, ebenso wie zahlreiche andere, haben die wir in einer deutschsprachigen Broschüre zu den Ergebnissen des IPBES-Bestäuber-Assessments in Kooperation mit dem Landesamt für Umwelt, Landwirtschaft und Geologie (LfULG) in Sachsen zusammengestellt (Deutsche IPBES- Koordinierungsstelle, 2016).

6.

Letztlich geht es um geeignete Anreize, solche Maßnahmen auch umzusetzen. Neben Programmen mit Subventionen, die oftmals gar nicht so einfach ausgestaltet werden können, geht es meines Erachtens ganz stark darum, dass wir die Landwirte mitnehmen und als Partner auf Augenhöhe begreifen. Viele von ihnen sind stark mit der Natur verbunden und am Schutz der Artenvielfalt interessiert, nicht zuletzt weil gerade sie um die Bedeutung der Vielfalt – nicht nur der Kulturpflanzensorten und Tierrassen – wissen. Vielen Landwirten ist bewusst, dass wir alle von der Vielfalt der Arten abhängig sind.

Wobei: Eine reiche Strukturierung der Landschaft scheitert nicht unbedingt an den Eigentumsverhältnissen. Es gibt durchaus viele Gründe, Strukturen zu erhalten bzw. wieder zu etablieren. Man denke nur an den Schutz vor Wasser- und Winderosion durch Hecken. Hecken werden oft auch von Landwirten mit ganz unterschiedlichem Flächenzuschnitt geschätzt. Mitunter ist die Struktur der Landschaft gar nicht hinreichend, um bestimmte Trends zu erklären. In Süd- und Südwestdeutschland finden wir oft eine reich strukturierte Landschaft, dennoch gibt es negative Entwicklungen bei Insekten. Mit Sicherheit hat auch die Nutzung der Fläche selbst negative Auswirkungen – insbesondere im Grünland ist dies unumstritten. Wenn Grünland vor allem zur Gülleentsorgung herhalten muss und zudem ein Dutzend oder mehr Schnitte im Jahr erfährt, ist es als Lebensraum für Insekten nicht mehr geeignet.

7.

Die Honigbiene ist nach Schwein und Rind das drittwichtigste Nutztier weltweit. Die Anzahl an Bienenstöcken, die von Imkern gehalten werden, hat in den letzten 30–40 Jahren weltweit um 50 Prozent zugenommen. Indes sind die Bestände von Wildbienen bei vielen Arten deutlich rückläufig. Dennoch gibt es nur wenige Indizien für eine gravierende Konkurrenz, zumal das Spektrum der besuchten Blüten sich zwischen den Arten oft deutlich unterscheidet. Dort, wo Imker schon lange ihre Stöcke ausbringen und sich zugleich eine Diversität von Wildbienen gehalten hat, kann man eventuell überlegen, keine Erhöhung der Honigbienenbestände anzustreben. Außerdem gilt es auch hier, den Austausch zwischen den Akteuren zu pflegen, da sowohl Naturschützer als auch Imker meist einen engen Bezug zur Natur und zu Insekten haben und es sinnvoller ist, die vorhandenen Kräfte zu bündeln. Wir haben dies in einem kleinen Beitrag in der Zeitschrift „Science" beschrieben (Kleijn et al., 2018).

Es geht letztlich um unser gesamtes Wirtschaftssystem, das mit der Natur versöhnt werden muss. Es geht also um die Integration von Ökologie und Ökonomie. Nicht umsonst klingen die beiden Begriffe sehr ähnlich, denn es geht in beiden Fällen um unser „Haus" und darum, wie wir damit umgehen. Dabei hat jeder eine Rolle – vom Konsumenten über die Gemeinde, die privaten Unternehmen, die Verwaltung, die Planung, die regionalen und nationalen Regierungen, die Staatengemeinschaft (Settele, 2019b).

8.

Die Genbank auf Spitzbergen besitzt mehr als 800.000 Samen von Nutzpflanzen aus der ganzen Welt. Solche Genbanken sind ein wichtiges Instrument zur Bewahrung der Vielfalt, können aber wohl nur auf Nutzpflanzen beschränkt bleiben. Es ist hierbei wichtig zu wissen, dass die dort eingelagerten Samen immer wieder ersetzt bzw. angebaut werden müssen, um die Bestände an keimfähigen Samen aufrechtzuerhalten. Dies ist für alle Pflanzenarten kaum vorstellbar – und bei Tieren sowieso keine Option. Ohne den Erhalt von Pflanzen in der freien Natur ist den Tieren die Basis entzogen, und ohne die Tiere wird es wiederum schwierig, die Pflanzen neu auszusähen und von ihnen Samen zu erhalten, insbesondere dann, wenn diese von tierischen Bestäubern abhängig sind.

In europäischen Breiten ist es gerade die Kulturlandschaft – und viel weniger die Wildnis –, die zur Artenvielfalt beiträgt. Wir benötigen generell ein Verständnis von Kulturlandschaft. Das Bewusstsein für die Rolle der Kulturlandschaft, für die Vielfalt, ist in Europa nicht mehr hinreichend ausgeprägt. Zum Beispiel ist das Wissen um die Tatsache, dass die Landwirtschaft vor allem im Offenland – außerhalb von Wäldern – ein wichtiger Grund für unsere Artenvielfalt darstellt, in vielen Bevölkerungsschichten nicht vorhanden.

Insgesamt treffen wir bei der Auswahl und der Ausweisung von Schutzgebieten durchaus ganz gute Entscheidungen – speziell wenn man mit berücksichtigt, bei welchen Gebieten man einigermaßen erfolgversprechend vorgehen kann. Schauen wir nun mal auf Mitteleuropa und insbesondere Deutschland, dann ist aber festzustellen, dass wir insbesondere beim Management dieser Gebiete große Schwächen haben. Gerade auch in Schutzgebieten beobachten wir Rückgänge von Arten, auch wenn insgesamt dort mehr Arten vorhanden sind als außerhalb. Dies schließt direkt an die vorhergehende Frage an, denn die Vorstellung, ein Gebiet auszuweisen und sich zu überlassen, führt in unserer Kulturlandschaft zu einem Rückgang der Vielfalt. Hier sind Nutzung und Management nötig – und hier ist auch die Rolle des Landwirtes als Landschaftspfleger ins Spiel zu bringen.

Ein weiterer Aspekt ist die Ausdehnung des menschlichen Siedlungsraums. Da sind zunächst die Privatgärten, die oft „pflegeleicht" als artenarme Schottergärten gestaltet werden. In diesem Zusammenhang spricht man ja mittlerweile von „Gärten des Grauens" (Viering, 2018; Koller, 2019). Aber zusätzlich zur Rolle von Privatgärten ist auch die Rolle des Siedlungsraumes für die Artenvielfalt zu beachten. Beides hängt eng zusammen. Man hört gelegentlich, dass Städte die neuen Zentren der Biodiversität wären. Dies ist jedoch eine Frage der Betrachtungsweise. Eigentlich ist der urbane Raum nicht per se artenreicher. Er ist es aber wiederum doch, und zwar im direkten Vergleich mit dem Land, denn hier hat eben die Artenvielfalt zum Beispiel durch Landnutzungswandel und Klimawandel abgenommen. Die Stadt hat damit quasi eine Arche-Noah-Funktion übernommen. Sie kann den Biodiversitätsverlust im ländlichen Raum aber nicht ausgleichen. Für unser aller Wohlergehen ist jedoch wichtig, dass wir Biodiversität in den Städten erhalten. Hiermit erklärt sich auch die Rolle von Privatgärten. Dennoch bin ich der Meinung, dass jeder, der einen Garten hat, diesen auch nach seinen Prioritäten entwickeln und bewirtschaften sollte. Es gibt auch Steingärten, die zwar karg wirken, aber gleichzeitig besondere Nischen für Arten aufweisen können. Ebenso ist der Übergang von einem Schottergarten zu einem japanischen Steingarten fließend – dies gilt auch für das ästhetische Empfinden. Für den Wasserhaushalt sind solche Flächen immer noch besser als eine komplett versiegelte Fläche. Auch hier plädiere ich dafür, die Mitmenschen durch inhaltliche Argumentation mitzunehmen und nicht durch Reglementierungen für die Anliegen der Natur zu verlieren – zu der sie selbst ja auch gehören.

Infobox: Ausgewählte Daten & Fakten zu Insekten

- Weltweit werden fast 90 Prozent aller Blütenpflanzen – und 75 Prozent aller wichtigen Nutzpflanzen – von Insekten bestäubt.
- Insgesamt schätzt man den globalen Wert der Bestäubung für die Ernteerträge auf 200 bis 600 Milliarden Euro pro Jahr. Konservativ geschätzt, müsste man mindestens 235 Milliarden US- Dollar aufwenden, um die Bestäubungsleistung der Tiere zu imitieren.
- Bei der Bestäubung findet man auch eine Spezialisierung unter den Insektenarten: Bei Ölpalmen/Ölfrüchten sind Rüsselkäfer, bei Luzernen und Feldbohnen sind Hummeln und bei Apfelbäumen sind Wildbienen, Hummeln sowie Schwebfliegen effektiver als die Honigbiene.
- Darüber hinaus sind 70 Prozent der Fledermaus - sowie 60 Prozent der Vogelarten auf Insekten als Futter angewiesen.
- Insgesamt gibt es circa 8 Millionen Arten auf der Erde (ohne Mikroorganismen, vgl. Purvis et al., 2019), schätzungsweise gehören bis zu 3/4 aller Arten weltweit zu den Insekten.
- Geschätzt werden 1 Million Tier- und Pflanzenarten im Laufe der nächsten Jahrzehnte (20 – 50 Jahre) vom Aussterben bedroht sein, wenn nicht gegensteuert wird.
- Konservativ geschätzt sind 10 Prozent aller Insektenarten in den nächsten Jahrzehnten vom Aussterben bedroht.
- Wir haben in Europa 10 – 15 Insektenarten, die einen Großteil der Bestäubung übernehmen. Die restlichen 300 – 500 Insektenarten könnten dann wichtig werden, wenn Bestäuber nachhaltig unter dem Klimawandel leiden und eventuell ausfallen.

(Quellen: IPBES, 2019; Koller, 2019; Palme, 2019, 20. Oktober; Purvis et. al., 2019)

Illustrationen

Abbildung 1: Übersicht über ausgewählte Arthropoden. Grafik: Wissensplattform Erde und Umwelt, eskp.de / CC BY 4.0.

Abbildung 2: Infobox: Ausgewählte Daten & Fakten zu Insekten. Quellen: IPBES, 2019; Koller, 2019: Palme, 2019, 20. Oktober at. a., 2019.

Literatur

Deutsche IPBES-Koordinierungsstelle. (Hrsg.). (2016, Juli). Bestäuber: Unverzichtbare Helfer für weltweite Ernährungssicherheit und stabile Ökosysteme. Eine Erläuterung zur Zusammenfassung für politische Entscheidungsträger des Berichts zu Bestäubern, Bestäubung und Nahrungsmittelproduktion der zwischenstaatlichen Plattform für Biodiversität und Ökosystemleistungen (IPBES). Bonn: Deutsche IPBES-Koordinierungsstelle, DLR.

IPBES. (2019). Summary for policymakers of the global assessment report on biodiversity and ecosystem services of the Intergovernmental Science-Policy Platform on Biodiversity and Ecosystem Services (hrsg. von S. Díaz, J. Settele, E. S. Brondizio E.S., H. T. Ngo, M. Guèze, J. Agard, A. Arneth, P. Balvanera, K. A. Brauman, S. H. M. Butchart, K. M. A. Chan, L. A. Garibaldi, K. Ichii, J. Liu, S. M. Subramanian, G. F. Midgley, P. Miloslavich, Z. Molnár, D. Obura, A. Pfaff, S. Polasky, A. Purvis, J. Razzaque, B. Reyers, R. Roy Chowdhury, Y. J. Shin, I. J. Visseren-Hamakers, K. J. Willis & C. N. Zayas). Bonn, Germany: IPBES secretariat.

Kleijn, D., Biesmeijer, J., Dupont, Y. L., Nielsen, A., Potts, S. G. & Settele, J. (2018). Bee conservation: inclusive solutions. Science, 360(6387), 389-390. doi:10.1126/science.aat2054.

Koller, A. (2019). „Die Stadt hat eine Arche-Noahfunktion für einige Tier- und Pflanzenarten übernommen." [Interview mit Josef Settele]. Garten + Landschaft, (8), 16-19.

Palme, K. (2019, 20. Oktober). Interview zum Insektensterben: Forscher fordert bestäuberfreundliche Politik [Interview der Deutschen Welle mit Josef Settele, www.dw.com]. Aufgerufen am 14.11.2019.

Purvis, A., Butchart, S. H. M., Brondízio, E. S., Settele, J., & Díaz, S. (2019). No inflation of threatened species. Science, 365(6455), 767. doi:10.1126/science.aaz0312.

Rada, S., Schweiger, O., Harpke, A., Kühn, E., Kuras, T., Settele, J. & Musche, M. (2019). Protected areas do not mitigate biodiversity declines – a case study on butterflies. Diversity and Distributions, 25, 217-224. doi:10.1111/ddi.12854.

Seibold, S., Gossner, M. M., Simons, N. K., Blüthgen, N., Müller, J., Ambarlı, D., ... Weisser, W. W. (2019). Arthropod decline in grasslands and forests is associated with landscape-level drivers. Nature, 574, 671-674. doi:10.1038/s41586-019-1684-3.

Settele, J. (2019a). Bestandsentwicklungen und Schutz von Insekten. Analysen und Aussagen des Weltbiodiversitätsrats (IPBES). Natur und Landschaft, 94(6-7), 299-303. doi:10.17433/6.2019.50153713.299-303.

Settele, J. (2019b). Wie können wir Ökosysteme langfristig sichern? Der Weltbiodiversitätsrat IPBES belegt deutlich, dass eine grundlegende Transformation lebenswichtig ist. Umwelt aktuell, (7), 2-3.

Settele, J., Heong, K. L., Kühn, I., Klotz, S., Spangenberg, J. H., Arida, G., ... Wiemers, M. (2018). Rice Ecosystem Services in South-East Asia. Paddy and Water Environment, 16, 211-224. doi: 10.1007/s10333-018-0656-9.

Settele, J., Spangenberg, J. H., Heong, K. L., Kühn, I., Klotz, S., Bustamante, J. V., ... Wiemers, M. (2019). Rice Ecosystem Services in South-East Asia – the LEGATO project, its approaches and main results with a focus on biocontrol services. In M. Schröter, A. Bonn, S. Klotz, J. Settele & C. Baessler (Hrsg.), Atlas of Ecosystem Services. Drivers, Risks, and Societal Responses (S. 373-382). Cham: Springer Nature. doi:10.1007/978-3-319-96229-0.

Van Swaay, C. A. M., Dennis, E. B., Schmucki, R., Sevilleja, C. G., Balalaikins, M., Botham, M., ... Roy, D. B. (2019). The EU Butterfly Indicator for Grassland species: 1990-2017: Technical Report. Butterfly Conservation Europe.

Viering, K. (2018). Gärten des Grauens. Spektrum der Wissenschaft, (47), 26-34.

MICHAEL SUCCOW

BODEN – DAS AM STÄRKSTEN GEFÄHRDETE NATURGUT

1.
Einführung: Mein Leben

Zunächst möchte ich einige Worte zu meinem nun schon über 80-jährigen Leben sagen – über all diese Jahrzehnte hat mich das Thema Boden, der Umgang mit unserer Kulturlandschaft, mit der Natur als unserer Lebensgrundlage, begleitet. Einige Fotos sollen dokumentieren, was sich in diesem Zeitraum an Landschaftswandel, an Verlust an Lebensfülle ereignet hat. Gehöre ich doch zu der Generation, die im Osten Deutschlands noch die letzte Phase bäuerlichen Wirtschaftens bewusst erlebt hat, ja darin eingebunden war.

1.1.
Das Erleben bäuerlichen Wirtschaftens (1946–1960)

Abb.1: Die Teilhabe am bäuerlichen Wirtschaften prägte mein weiteres Leben – hier die Landschaft in meinen Kinder- und Jugendjahren zur Erntezeit, 1958 – Quelle: M. Succow

1941 geboren, konnte ich die Schrecken des Krieges noch nicht erfassen. So sind meine Erinnerungen an den elterlichen Bauernhof in der Mark Brandenburg in der Aufbauzeit der Nachkriegsjahre von Eingebundensein, von reichem Naturerleben bestimmt.

Ich begriff die Schwere bäuerlicher Arbeit, die Sorgen um das Vieh, um das Gedeihen der Ernte, um das Wetter, das der nächste Tag bringt. Ich erfuhr Achtung vor der Natur und ihren Produkten. Ich erlebte Beglückung über das Erarbeitete, Bescheidenheit und Zufriedenheit. Im Alter von zehn Jahren wurde mir die Sorge für eine Schafherde übertragen, anfangs fünfundzwanzig, später hundert Tiere. Gleich nach dem Schulunterricht zog ich hütend über Felder, Wegsäume, Wiesen. Allein mit Herde und Hund in weiter Landschaft, die Motorenlärm noch nicht kannte, entwickelte sich eine tiefe Liebe zur Natur, Achtung und Ehrfurcht vor dem Leben. In Tagebüchern schrieb ich ab Herbst 1953 meine Naturerlebnisse, insbesondere die Vogelbeobachtungen, akribisch nieder. Es erwachte der Wunsch nach Wissen, nach dem Verstehen der Natur, die mich so vielgestaltig und lebendig umgab.

Besonders lieb waren mir die kleinen Wiesenstücke mit ihrer bunten Blumenfülle, den Gräsern und Orchideen, den Schmetterlingen und Käfern, den Radnetzen der Spinnen und dem Gesang des Braunkehlchens. Tief haben sie sich in mein Herz geschrieben. Ebenso die vielen Feldhecken mit den Wildbirnen, Schlehen, Rosen- und Weißdornbüschen, in denen sich Neuntöter und Dorngrasmücke verbargen. Die Sandgruben mit den Niströhren der Uferschwalben, die summenden Erdbienenkolonien und die großen Lesesteinhaufen an den Wegrainen, von denen das Lied des Steinschmätzers erklang, wo das Mauswiesel sich versteckte.

Unauslöschlich – das Bild der Trappenhochzeit! Selbst von meinem Zimmerfenster aus konnte ich sie verfolgen. Bis zu acht balzende Hähne leuchteten wie weiße Federbälle aus der grünen Maiensaat. Vierzig, manchmal sogar fünfzig dieser riesigen Vögel, die ich bei meinen ersten Begegnungen noch für Strauße hielt, standen im Frühjahr auf unseren Feldern.

1.2.
Eingebunden in das Experiment des „real“ existierenden Sozialismus

Abb.2: Die neue Agrarlandschaft meines Heimatortes im Oktober 1982: im Vordergrund die inzwischen „gehölzbefreite“ Agrarlandschaft in Rapskultur. Die Saat ist auf den schwachen Kuppen kaum gekeimt, in den von Erosionsmaterial erfüllten Senken hingegen üppig grün. Im Hintergrund links der Frankenfelder Weg noch immer mit alten Linden, am Ende unser Gehöft, rechts der Schlosspark, anschließend neue LPG-Gebäude. – Quelle: M. Succow

In den 1950er- und 1960er-Jahren waren es zunächst noch landwirtschaftliche Produktionsgenossenschaften (LPGs), die die Fluren eines Dorfes zusammenführten, Pflanzen- und Tierproduktion gehörten noch zusammen. Ende der 1960er-Jahre wurde dann die Großraumwirtschaft angeordnet, das Zusammenlegen mehrerer Dörfer in große agrarindustrielle Komplexe mit strikter Trennung von Pflanzen- und Tierproduktion umgesetzt. Mein Heimatort wurde der Groß-LPG Pflanzenproduktion Schulzendorf angegliedert. Bäuerliche Feldgrenzen, Feldwege, Gehölzstreifen, Einzelbäume verschwanden. Viele Kleingewässer und Sandgruben wurden zugeschoben und Schlaggrößen von mehreren 100 Hektar die Regel. In dieser Zeit wurden in jedem Bezirk volkseigene Meliorationskombinate mit mehreren Tausend Mitarbeiten geschaffen, die Agrochemischen Zentren mit eigenen Flugzeugstaffeln übernahmen die Düngung der Felder, auch die Ausbringung von Pestiziden, teilweise auch das Aussäen. In dieser Zeit entstanden das seinerzeit größte Schweinemastkombinat Europas bei Eberswalde mit 190.000 Tieren und das größte Rindermastkombinat Europas in Ferdinandshof mit bis zu 31.000 Mastplätzen (Friedländer Große Wiese).

Abb. 3: Die Komplexmelioration der Randow-Welse Moorniederung in der Uckermark 1973, die ich (1969 von der Universität „verwiesen") als Standorterkunder am damaligen VEB Meliorationskombinat mit vorzubereiten hatte. Die blumen- und vogelreichen Moor-Feuchtwiesen wurden tiefgreifend entwässert und umgebrochen und in anfangs hochproduktives Saatgrasland überführt. Am Rande der Niederung wurden große Milchviehanlagen errichtet, man sprach von der „Milchader Berlin". Ich war wohl der letzte, der diese über 200 Jahre alte Kulturlandschaft mit ihrer Lebensfülle noch erlebte. Es blieb mir nur, das Geschehen mit Fotos zu dokumentieren – Quelle: M. Succow

Abb. 4: Blick auf das im Sommer 1989 fertiggestellte größte Schweinemastkombinat Europas in Haßleben, Uckermark. Das baldige Ende der DDR ließ den Betrieb nicht mehr aufnehmen. Auch hier war es meine Aufgabe, als Bodenkundler die Komplexmelioration der umgebenden Landschaft vorzubereiten, denn es wurden Beregnungsflächen für die Gülleausbringung gebraucht. Nach der Wende wollten mehrfach Investoren diese Anlage in Betrieb nehmen, Bürgerbewegungen verhinderten dies. Aktuell sind es Lagerhallen, die Dächer tragen Solaranlagen. Die Waldlandschaft im Hintergrund ist heute Teil des UNESCO Biosphärenreservates Schorfheide-Chorin! - Quelle: Archiv Succow

1.3.
Die Wendezeit 1990 - das Ziel: eine Ökologische Republik

Auf Drängen der Bürgerbewegungen wurde ich im Januar 1990 ins neu konzipierte Umweltministerium der DDR als Stellvertreter des Umweltministers, zuständig für Naturressourcenschutz und Landnutzungsplanung, berufen! Es war die Zeit der „Regierung der nationalen Versöhnung" unter Hans Modrow. Die Staatssicherheit war gerade aufgelöst worden, es gab noch die alten Parteien, aber auch viele neue Parteien und Bürgerbewegungen, die alle am zentralen Runden Tisch in Berlin in politische Entscheidungen einbezogen wurden, moderiert von zwei Theologen.

Was konnte in kürzester Zeit mit den umgehend von mir ins Ministerium geholten Freunden und Mitstreitern aus der Umweltbewegung erreicht werden:

Anfang März 1990 wurde durch Ministerratsbeschluss der DDR verfügt:

- Schließung der 14 bezirksgeleiteten VEB Meliorationskombinate
- Schließung der 14 bezirksgeleiteten agro-chemischen Zentren (ACZ)
- Schließung der über 40 zentral geleiteten VEB Kombinate Industrielle Mast (KIM)
- Aufstockung des Natur- und Umweltschutzes in allen Kreisverwaltungen von bislang einer halben auf fünf Planstellen, in den Bezirken auf 15!

- Die einstweilige Sicherung von ca. 11 % des Territoriums der DDR als Großschutzgebiete (letzte Ministerratssitzung 16.03.1990) – nur das wurde im Einigungsvertrag übernommen.

Die Einleitung einer Agrarwende war im Frühjahr 1990 von der Mehrheit des Volkes gewollt, Tausende von Beschäftigten verloren damals ihren Arbeitsplatz, aber die ökologischen Folgen der agrarindustriellen Komplexe waren so gravierend, dass diese Kombinate nicht weitergeführt werden konnten und sollten. Die agrarindustrielle Landnutzung zur Erzeugung von Agrarprodukten zu Dumpingpreisen für den Weltmarkt war angesichts der Überproduktion im westlichen Europa nicht mehr sinnvoll, dazu kamen die schwerwiegenden ökologischen und auch gesundheitlichen Folgen. Hierzu gilt anzumerken, dass in der Endphase der DDR die Landwirtschaft noch einer der wenigen Devisenbringer im fast bankrotten Staat war. Aus heutiger Sicht müssen wir allerdings eingestehen: Die Schließung der Kombinate und Zentren wurde zwar durchgesetzt, aber die Umstrukturierung der agrarischen Flächennutzung hin zu einer nachhaltigen Nutzung fand nicht statt.

1.4.
Nach der Wiedervereinigung: Die subventionierte Unvernunft geht weiter

Darüber ist vielfältig gestritten, viel publiziert worden, bislang sind aber nur unzureichende Lösungen für die Gesamtlandschaft eingeleitet worden. Nachfolgend dazu eine Fotodokumentation, wieder aus meiner Heimat:

Abb.5: Degradierte Agrarlandschaft bei Möglin im April 1992, ein Nachbardorf von Lüdersdorf (Ostbrandenburg). Einst im Besitz von Albrecht Daniel von Thaer, dem Begründer der Humuswirtschaft in Deutschland – heute Lindhorst-Gruppe. Im Vordergrund die ausgeräumten Ackerflächen. Im Hintergrund das Dorf Schulzendorf. Das weiße Gebäude, das zu DDR-Zeiten errichtete Kartoffellagerhaus der Groß LPG und der Sitz der Verwaltung des jetzigen Agrarunternehmens. Bis Ende der 1970er-Jahre war das „Trappenland“. – Quelle: M. Succow

Abb.6: Die Feldmark zwischen Lüdersdorf und Haselberg im Jahr 2015 mit dem um die Jahrtausendwende errichteten Windpark; in der Bildmitte die seit Frühjahr 2014 in Betrieb genommene Hähnchenmastanlage.

Quelle: M. Succow

Abb.7: Agrarflächen bei Frankenfelde 2021 im Dauermaisanbau nach Ausbringung von Gärresten aus der Biogasanlage im Mai, davor wurden die Felder mit Glyphosat besprüht, nur der Mais darf hier noch wachsen. Das Ökosystem Boden ist hochgradig zerstört, Regenwürmer sind nur noch Ausnahmen. Im Hintergrund ein Windpark der neuen Generation.

Quelle: M. Succow

Abb.8: In der Endphase der DDR gepflanzte Windschutzpflanzungen mit amerikanischen Pappeln, aktuell im Vertrocknen.

Quelle: M. Succow 2020

Abb.9: Der Schlosssee im Schulzendorfer Park 2020, einst ein Klarwassersee mit der großen Malermuschel. Hier lebten Zwergtaucher und Stockente, Bläss- und Teichhuhn, später auch Höckerschwan und sogar die Graugans. Aktuell vertrocknend, nur noch ein flacher Restwasserkörper ist vorhanden.

Quelle: M. Succow 2020

Abb. 10: Ein Maisacker westlich des Dorfers Wilmersdorf im Biosphärenreservat Schorfheide-Chorin nach dem Starkregen im Juli 2021.

Quelle: M. Succow 2021

2.
Unsere historisch gewachsene Kulturlandschaft heute, ein ökologischer und sozialer Problemraum

- Der gestörte Kohlenstoffhaushalt: die fast vollständige Entwässerung und damit Mineralisierung der Moorstandorte als einst bedeutendste, da effizienteste CO_2-Senke. Auf den in agrarindustrieller Nutzung befindlichen Mineralböden der inzwischen fast vollständige Verlust des Humus, der Regenwürmer und des Bodenlebens.
- Der gestörte Landschaftswasserhaushalt: das damit verbundene Vertrocknen großer Teile der Landschaft. Das Austrocknen von Feldgewässern, kleinen Fließgewässern und auch von Seen ist ein Ergebnis geringerer Niederschlagsversickerung infolge hochgradiger Verdichtung der Böden durch schwere Maschinensysteme, verbunden mit starkem Erosionsgeschehen.
- Der gestörte Nährstoff- und Immunhaushalt unserer Landschaft: Die Überernährung und zum Teil auch Vergiftung der Böden bedeuten schwerwiegende Eingriffe in das Ökosystem Boden mit der Degradierung der Destruenten, der Lebensgemeinschaften von Bakterien, Bodenalgen, Bodenpilzen...
- Der dramatische Schwund der Biodiversität mit seinen vielschichtigen Auswirkungen auf den Naturhaushalt: Das gilt insbesondere für die im Laufe der Agrarkultur sich an Acker- und Grünlandstandorte angepasste vielfältige Wildpflanzen- und Tierwelt.

3.
Boden – das am stärksten gefährdete Naturgut

Zwei starke Stimmen zum Boden:

> „*Alle Zivilisationen haben so lange gedauert wie ihr Humus. Die ägyptische, griechische, römische und viele andere Zivilisationen waren zu Ende, als ihr Humus zu Ende war. Unsere Zivilisation wird folgen, wenn wir nicht fähig sind, unsere unglaublich dünne Humusschicht wiederherzustellen.*“ Friedensreich Hundertwasser 1988

> „*Und wenn man mich fragt, auf welches Naturgut es am meisten ankommt, weil es am meisten gefährdet und unersetzbar ist, dann antworte ich nicht mit Klima oder Biodiversität, sondern nenne den Boden, und zwar den humusreichen, mit höchster Vielfalt belebten, das produktive Pflanzenleben sichernden ‚Oberboden‘*“. Prof. em. Wolfgang Haber, Andreas Hermes-Akademie, Bonn 2015 (1966 erster Lehrstuhl für Landschaftsökologie in Deutschland an der TU München)

4.
Das System der Agrarindustrie ist nicht nachhaltig und wirtschaftlich und damit nicht zukunftsfähig

Agrarindustrielle Landwirtschaft ist heute ein hochkomplexes vernetztes System gegenseitiger Abhängigkeiten aus Chemieindustrie, Maschinenindustrie, Weltmarkt, Immobilienmarkt, Lebensmittelindustrie, Pharmaindustrie, Politik, Wissenschaft, Handelsketten, Lobbyorganisationen, Behörden, Energiewirtschaft und Verbrauchern.

Der einzelne Landwirt ist dem System auf Gedeih oder Verderb ausgeliefert. Die zunehmend dominierende Agrarindustrie (aktueller Flächenanteil in Mecklenburg-Vorpommern: weit über 50%) als „konventionelle Landwirtschaft" zu bezeichnen ist irreführend. Konventionell (im Sinne von herkömmlich) ist eine bäuerliche Landwirtschaft, weiterentwickelt im ökologischen Landbau.

Die Subventionierung des Flächenbesitzes ohne Berücksichtigung des ökologischen Zustandes, der Bodendegradierung, ist nicht mehr verantwortbar.

Dem Landwirt, unter dessen Acker sich trinkfähiges Grundwasser in Menge und Güte bildet, müssen wir zukünftig Wertschätzung und finanzielle Unterstützung geben!

5.
Suche nach Auswegen – es gibt Alternativen! Das Ziel: Gesunde Böden, gesunde Nahrung, gesunde Menschen

Die bevorstehende Klimakatastrophe zwingt zu klimaneutralem Ackerbau: minimierte Bodenbearbeitung, Fruchtfolgevielfalt, Direktsaat, Winterzwischenfrucht (Mulch), Humusaufbau. Alle verfügbaren organischen Reststoffe sind für die Humusgewinnung bereitzustellen (Kompostwirtschaft). Kein weiterer Energiepflanzenanbau auf unseren Äckern! Keine Futtermittelimporte aus der „armen Welt"; deutliche Reduzierung industrieller Fleischproduktion. Drastische Reduzierung der Mineraldüngung und des chemischen Pflanzenschutzes. Stabilisierung des Landschaftswasserhaushaltes, Grabensysteme mit Stauen (Wasserrückhaltung) ausstatten; Wiederherstellung der Kleingewässer; verstärkter Flurholzanbau. Abbau aller Subventionen, die eine nachhaltige Entwicklung behindern: Alles Unökologische muss konsequent verteuert, alles Ökologische konsequent verbilligt werden. Der ökologisch-organische Landbau gilt als Leitbild nachhaltiger Landnutzung; die damit zunächst verbundene Ertragssenkung um maximal ein Drittel ist aus gesamtgesellschaftlicher Sicht hinnehmbar! Es gilt, sich auf regionale Wirtschaftskreisläufe und das Verbraucherbewusstsein zu konzentrieren.

Besondere Aufmerksamkeit müssen wir dem Schutz und Erhalt ökologisch sensibler Naturräume (Grenzertragsstandorte) widmen. Das sind insbesondere die Vorgebirgsstandorte mit ihrer dünner Bodendecke, Steinigkeit und starker Reliefierung; die Endmoränen und kuppigen Grundmoränenlandschaften in den Jungmoränen mit starkem Bodenwechsel, Reliefierung sowie hohem Anteil an Kleingewässern und Mooren; die Auenstandorte als Pufferzonen um Fließgewässer, ihr Erhalt als Retentionsräume; die Niedermoorstandorte; die Küstenniederungen (Anlandungsküsten); die armen Sandstandorte (Sander) mit ihrer hohen Versickerungsfähigkeit; die grundwassergeprägten Talsandstandorte.

Diese Standorte dürfen nicht durch Agrarindustrie und Energiewirtschaft ihre für den Naturhaushalt so wichtige Funktionstüchtigkeit verlieren. Fruchtbare, gesunde Böden sind ein immer knapper werdendes Gut.

6. Verträgliche (alternative) Nutzungsformen für ökologisch sensible Standorte

- großflächige, extensive Weidenutzungssysteme („Wilde Weiden“) für Vorgebirgslagen, Flussauen, Niederungen mit ihren Rändern und stark reliefierte Moränenstandorte
- Grünlandnutzungen, die periodischen Überflutungen angepasst sind, z.B. mit Wasserbüffeln
- Paludikultur als nasse Bewirtschaftung von Niedermooren, z.B. als Erlenbruchwälder, Schilfröhrichten und Großseggenriede
- Paludikultur auf abgetorften Regenmoorflächen zur Torfmooserzeugung als Gartenbausubstrat
- Fallweise möglichst naturnahe Wiederbewaldung in freier Sukzession bei Förderung von Edellaubhölzern und Obstgehölzen

Abb.11: Wilde Weiden auf mehreren Tausend Hektar in Crawinkel am Ostrand des Thüringer Waldes im Jahr 2012 - das wirtschaftlich erfolgreiche und für die Biodiversität, Grundwasserbildung und den naturorientierten Tourismus so hoffnungsvolle Experiment des Heinz Bley („Thuringeti"), das es unbedingt auf weitere Landschaftsräume zu übertragen gilt. Quelle: M. Succow

Abb.12: Der Kleine Rummelsberg im Ökodorf Brodowin im Biosphärenreservat Schorfheide-Chorin 1992, im Vordergrund ein Dinkelacker mit Wildblumen, im Hintergrund ein ungewöhnlich artenreicher xerothermer Moränenhügel in extensiver Weidenutzung. Nützliche, vielfältige und ausgesprochen schöne Agrarlandschaft konnte sich durch die Ausweisung als Biosphärenreservat großflächig im Raum Schorfheide/Chorin erhalten. Sie lockt immer mehr naturliebende Touristen an, erzeugt regionale Produkte und lässt Dörfer erhalten bzw. wiederbeleben - Deutschlands größte Ökolandbau-Region, aktuell auf 75% der Nutzfläche. Quelle: M. Succow

Rückblickend erfüllt es mich, uns, mit großer Freude und Genugtuung, dass nicht nur in Ostdeutschland, sondern mit der Wende inzwischen in allen deutschen Bundesländern **Biosphärenreservate als Modellregionen für einen enkeltauglichen Umgang mit unserer Kulturlandschaft** zu finden sind. Aktuell sind 17 ausgewählte Landschaftsräume UNESCO-zertifizierte Biosphärenreservate, weitere sind in Planung.

7.
Schlussgedanken

Der Zustand großer Teile unserer kultivierten Landschaft verlangt dringend eine Umorientierung der Subventionspolitik im Agrarbereich – jedwede Form von Ökosystem-Degradierung muss ihren Preis haben. Unser Lebensstil muss sich in die planetaren Grenzen einpassen, im Mittelpunkt allen Handelns muss das Gemeinwohl stehen: Gesunde Böden, gesunde Nahrung, gesunde Landschaft, gesunde Menschen, das sind die Herausforderungen unserer Gesellschaft!

Wir brauchen endlich eine ökologisch-soziale Marktwirtschaft! Zivilgesellschaftliches Engagement und das gerade im Februar 2024 verabschiedete EU-Renaturierungsgesetz geben etwas Hoffnung: Die Mitgliedstaaten müssen bis 2030 mindestens 30 % der Lebensräume, für die die neuen Vorschriften gelten (von Wäldern, Grünland und Feuchtgebieten bis hin zu Flüssen, Seen und Korallenriffen), von schlechtem in guten Zustand versetzen; bis 2040 sollen es 60 % sein, bis 2050 sogar 90 %. Im Einklang mit dem Standpunkt des Parlaments haben die EU-Staaten bis 2030 den Schwerpunkt auf Natura-2000-Gebiete zu legen.

Allerdings bleibt die so dringend notwendige grundlegende Reform der EU-Agrarpolitik weiterhin aus, die Agrarlobby ist nach wie vor sehr durchsetzungsstark und hat erreicht, dass die Stilllegungspflicht von 4 % der Ackerfläche ohne zusätzliche Kürzung der Basisprämie in diesem Jahr entfällt – vom deutschen Bundeslandwirtschaftsminister wurde diese Kommissionsvorgabe 1:1 umgesetzt, trotz Widerstands des Bundesumweltministeriums.

Der Schutz des Weltklimas muss neben technisch basierten Lösungsansätzen künftig weit stärker naturbasierte Strategien verfolgen, und dabei spielt der Umgang mit den von uns zu nutzenden Landschaften eine zentrale Rolle.

Immer mehr Menschen bewegt die Frage: Darf ein Wirtschaftssystem entgrenzt (unbegrenzt) weiterwachsen? Was darf, was muss wachsen, stärker werden? Ganz sicher Bescheidenheit, Demut, Spiritualität; Naturverbundenheit, Naturliebe; ökologische und soziale Bildung; Gesundheit, gesunde Lebensführung; ein Besinnen auf Regionalität, regionales Wirtschaften und natürlich alle Ansätze für mehr Weltgerechtigkeit, Weltenbildung.

Der Erhalt der Funktionstüchtigkeit der uns tragenden Ökosysteme dürfte eine der bedeutendsten Sozialleistungen für unsere Zukunft sein – der Schutz der Natur ist nicht mehr verhandelbar!

Illustrationen

Abb.1: Bäuerliche Landschaft 1958, Quelle: M. Succow.

Abb.2: Agrarlandschaft im Oktober 1982, Quelle: M. Succow.

Abb. 3: Komplexmelioration der Randow-Welse Moorniederung in der Uckermark 1973, Quelle: M. Succow.

Abb. 4: Schweinemastkombinat in Haßleben, Uckermark, Quelle: Archiv Succow.

Abb.5: Degradierte Agrarlandschaft bei Möglin im April 1992, Quelle: M. Succow.

Abb.6: Feldmark zwischen Lüdersdorf und Haselberg im Jahr 2015, Quelle: M. Succow.

Abb.7: Agrarflächen bei Frankenfelde 2021 im Dauermaisanbau, Quelle: M. Succow.

Abb.8: Windschutzpflanzungen mit amerikanischen Pappeln, Quelle: M. Succow.

Abb.9: Schlosssee im Schulzendorfer Park 2020, Quelle: M. Succow.

Abb. 10: Maisacker nach dem Starkregen im Juli 2021, Quelle: M. Succow.

Abb.11: Wilde Weiden am Ostrand des Thüringer Waldes im Jahr 2012, Quelle: M. Succow.

Abb.12: Kleiner Rummelsberg im Ökodorf Brodowin 1992, Quelle: M. Succow.

Literatur

Beleites, M. (2012): Leitbild Schweiz oder Kasachstan? Zur Entwicklung der ländlichen Räume in Sachsen - Eine Denkschrift zur Agrarpolitik. Hg: Weiterdenken - Heinrich-Böll -Stiftung Sachsen e.V., Arbeitsgemeinschaft bäuerliche Landwirtschaft e.V., et al. – 100 S.

Bösel, Benedikt (2023): Rebellion der Erde. Wie wir den Boden retten – und damit uns selbst! Scorpio Verlag. – München – 256 S.

Dohrn, Susanne (2019): Der Boden. Bedrohter Helfer gegen den Klimawandel. Christoph Links Verlag. – Berlin. – 256 S.

Ewers, H.J.; Henschler, D.; Korff, W.; Rehbinder, E.; Succow, M.; Thoenes, H.W. (1996): Der Rat von Sachverständigen für Umweltfragen: Sondergutachten 1996. Konzepte einer dauerhaft-umweltgerechten Nutzung ländlicher Räume. – Stuttgart. – 123 S.

Klüter, H. (2012): Gegenwärtige Strukturen und Entwicklungstendenzen in der Brandenburger Landwirtschaft im Ländervergleich. Herausgegeben vom Landtag Brandenburg. – Potsdam. – 201 S.

Klüter, H. (2014). Die Landwirtschaft in Sachsen im Vergleich mit anderen Bundesländern. Fraktion BÜNDNIS 90/DIE GRÜNEN im Sächsischen Landtag. – Dresden. – 228 S.

Klüter, H. (2016): Die Landwirtschaft Mecklenburg-Vorpommerns im Vergleich mit anderen Bundesländern. In: Greifswalder Geographische Arbeiten Bd. 53. Institut für Geographie und Geologie. – Greifswald. – 467 S.

Krück, Stefanie (2018): Bildatlas zur Regenwurmbestimmung. Natur und Text Verlag. - Rangsdorf. - 196 S.

Leinert, Sebastian (2020): Agrarwende? Lieber heute als morgen! Unsere Welt - aus ökologischer Sicht, Band 5. Books on demand.

Pommeresche, Herwig (2004, 2017): Humussphäre. Humus - Ein Stoff oder ein System? - OLV Organischer Landbauverlag Kurt Walter Lau. -Kevelaer. - 216 S.

Priebe, H. (1993): Die subventionierte Unvernunft. Landwirtschaft und Naturhaushalt. Siedler Verlag Berlin, 327 S.

Schwinn, Florian (2019): Rettet den Boden! Warum wir um das Leben unter unseren Füßen kämpfen müssen. - Westend Verlag. - Frankfurt. - 270 S.

Succow, M. (1991): Grundkonzeptionen der Flächensicherungspolitik in der ehemaligen DDR: Das Nationalparkprogramm im Osten Deutschlands. In: Schriftenreihe des Deutschen Rates für Landespflege. - Bonn 59. - S. 911-917.

Succow, M. (2000): Der Weg der Großschutzgebiete in den neuen Bundesländern. Die Weiterentwicklung des Nationalparkprogramms von 1990. In: Naturschutz und Landschaftsplanung. - Stuttgart 32, (2-3). - S. 63-70.

Succow, M., Jeschke, L. & Knapp, H. D. (Hg.) (2012): Naturschutz in Deutschland. Rückblicke - Einblicke - Ausblicke. - Berlin. - 332 S.

Succow, M. (2015): Die Landschaft meiner Kindheit war voller Leben, in: Mehr Vielfalt in Agrarlandschaften! Bericht zur Tagung vom 20. bis 22. Juni 2014 - an der Evangelischen Akademie Sachsen-Anhalt e.V. in der Lutherstadt Wittenberg. S. 7-14.

Succow, M. (2015): Umweltverträglicher, moralischer, vielfältiger, schöner, in: Herbert Quandt-Stiftung: Landflucht 3.0. - Freiburg. - S.176-187.

MARTIN KAINZ

ONE WORLD – ONE WATER – ONE HEALTH

Welche Fische werden wir in Zukunft essen?
Wie nachhaltig ist der Fang und Konsum von Fischen?
Wie gesund werden diese Fische für den Menschen sein?

Dies sind zentrale Fragen, die wir uns aktuell stellen. Doch nicht nur für Fische, auch für andere Lebensmittel. Wichtig ist aber zu erkennen, dass die Produktion eines jeden Lebensmittels von der Verfügbarkeit des Wassers als Träger allen Lebens abhängt. Im Gegensatz zur Pflanzen- und Tierproduktion am Land sind Fische im Meer oder in Seen nicht durch Wasser limitiert. Doch während die Fleischproduktion aus Landwirtschaft stets steigt (von 70 mill t 1960 bis 350 mill t 2021), stagniert der natürliche Fischbestand aus den Meeren und dem Süßwasser seit 1990 bei 90 mill t (FAO 2022). Die Fischproduktion aus mariner und vor allem Süßwasser-Aquakultur stieg von ~1 mill t (1960) auf 90 mill t (2020) kontinuierlich an. Seit den 90er-Jahren des letzten Jahrhunderts ist der jährliche Fischfang aus den Meeren allerdings stark abgeflacht und nimmt in den letzten Jahren weiter ab. Die steigende Nachfrage nach Speisefischen wir nun stärker durch Süßwasser-Aquakultur als durch marine Aquakultur gedeckt, und dieser Trend scheint weiter auseinanderzuklaffen (Fig. 1):

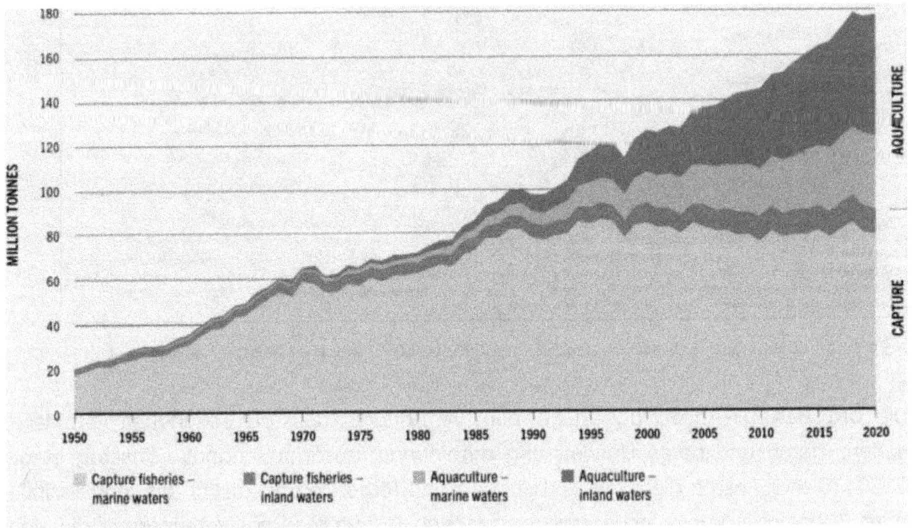

Fig. 1: Weltweiter Fischfang und Aquakultur seit 1950 (FAO 2022).

Der oben dargestellte Trend zeigt, dass wir bei steigender Bevölkerung auch eine weltweit steigende Verfügbarkeit von Fischen haben. Allerdings hat diese steigende Verfügbarkeit ebenso **steigende Kosten für die Ökosysteme** (Fig. 2; Naylor et al. 2021) zur Folge, aus denen die Fische kommen und von denen wir Menschen leben. Die Entnahme von Speisefischen aus dem Meer wird regional unterschiedlich stark durchgeführt, was zu einem Ungleichgewicht zwischen natürlicher Erholung der Fischbestände und deren jährlicher Entnahme führt. Ferner stehen marine und Süßwasserökosysteme unter steigendem Druck der **Verschmutzung** (Gola et al. 2021; Amelia et al. 2021; Bashir et al. 2020) und leiden unter den **Auswirkungen des Klimawandels** (Malhi et al. 2020; Doney et al. 2012; Hoegh-Guldberg and Bruno 2010).

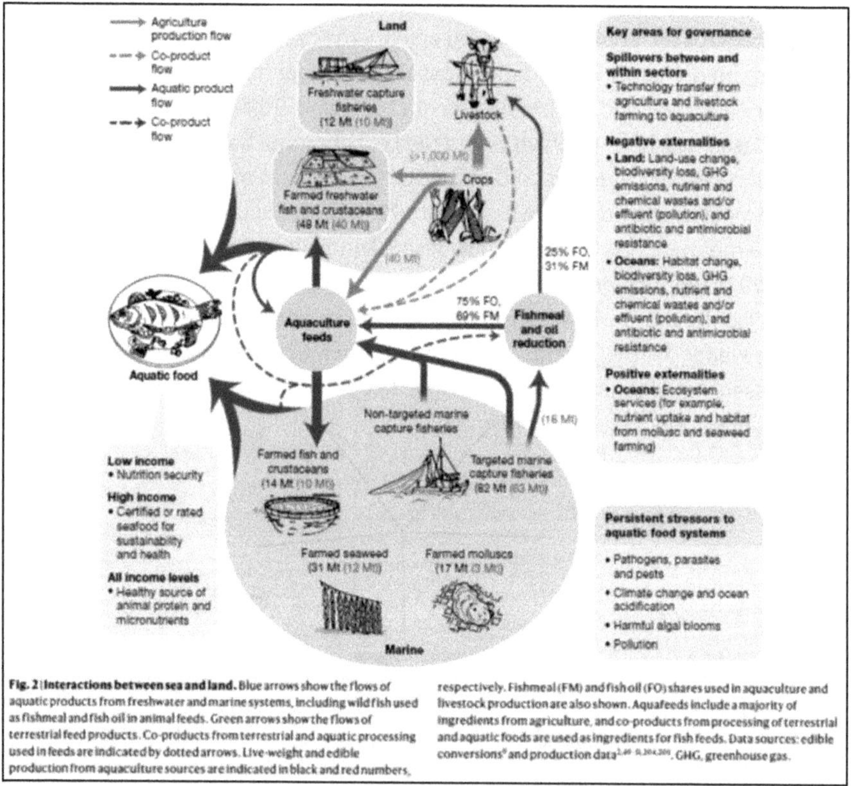

Fig. 2 | Interactions between sea and land. Blue arrows show the flows of aquatic products from freshwater and marine systems, including wild fish used as fishmeal and fish oil in animal feeds. Green arrows show the flows of terrestrial feed products. Co-products from terrestrial and aquatic processing used in feeds are indicated by dotted arrows. Live-weight and edible production from aquaculture sources are indicated in black and red numbers, respectively. Fishmeal (FM) and fish oil (FO) shares used in aquaculture and livestock production are also shown. Aquafeeds include a majority of ingredients from agriculture, and co-products from processing of terrestrial and aquatic foods are used as ingredients for fish feeds. Data sources: edible conversions[9] and production data[2,40–5,204,205]. GHG, greenhouse gas.

Fig. 2: Stoffflüsse von Nähr- und Schadstoffen zwischen terrestrischen und marinen Ökosystemen (Naylor et al. 2021).

Der **ONE HEALTH-Ansatz** basiert auf dem Verständnis, dass die Gesundheit von Menschen, Tieren und deren Umwelt eng miteinander zusammenhängt (Zinsstag et al. 2020). Dieser Ansatz dient der Vorbeugung und fördert grundsätzlich die interdisziplinäre Zusammenarbeit, insbesondere zwischen Humanmedizin, Veterinärmedizin und Umweltwissenschaften.

Fig. 3: Das Konzept „One Health“ beruht auf der Einsicht, dass die Gesundheit von Mensch, Tier und Umwelt untrennbar miteinander verknüpft ist.

Dabei wird schnell klar, dass das Zusammenwirken von vielen Fachdisziplinen erforderlich ist, denn sowohl Gesundheit von Pflanzen, Tieren und Menschen als auch deren Krankheiten sind eng miteinander verwoben. Zu den Fachdisziplinen, die vernetzt werden sollen, zählen Infektionsbiologie, Human- und Veterinärmedizin, Ökologie, Umweltwissenschaften, Biodiversitäts- und Klimaforschung. Viele gemeinsame Forschungsanstrengungen sind daher notwendig, um Ökosystemleistungen über gesunde Fische zu den Menschen zu bringen. Dafür ist es wichtig, wie bei der menschlichen Gesundheit auch, potenzielle Gesundheitsprobleme stets an der Source zu bekämpfen. Im **One-Health**-Konzept bedeutet dies, **terrestrische und aquatische Ökosysteme zu schützen**, damit erst gar keine Schadstoffe in die Nahrungskette zum Menschen gelangen können. Davon sind wir weltweit aber noch sehr weit entfernt.

Sourcen und Belastungen von potenziellen Schadstoffen:

- **Überdüngung in der Landwirtschaft:** Phosphor und Stickstoff Überschuss führt zu eutrophen aquatischen Ökosystemen, folglich zu Sauerstoffmangel und dem Auftreten von toxischen Cyanobakterien (Mikrocystin), die wiederum zu „fish kill“ führen können (Landsberg et al. 2020; Chislock et al. 2013).

- **Belastung durch Schwermetalle:** als Folge der wirtschaftlichen Verwendung von Schwermetallen, wie zB. Quecksilber, Cadmium, Blei etc. stiegen deren Konzentrationen in den Flüssen und Seen seit den 1970er-Jahren beträchtlich an (Zhou et al. 2020). Im Laufe der Zeit hat sich die Schwermetallbelastung im Oberflächenwasser von einer Einzelmetallbelastung zu einer Mischmetallbelastung verändert. Die Schwermetallkonzentrationen im Wasser und die Anzahl der Schwermetalle mit Konzentrationen über den Grenzwerten der WHO- und US-Environmental Protection Agency (EPA)-Standards waren in Europa und Nordamerika niedriger und in Ländern Afrikas, Asiens und Südamerikas höher. Im Laufe der Zeit haben sich die Hauptquellen der Metallverschmutzung von Bergbau und Produktion bis hin zur Gesteinsverwitterung und Abfallentsorgung verändert. Die wichtigsten Metallquellen waren auf den fünf Kontinenten unterschiedlich, wobei in Afrika der Einsatz von Düngemitteln und Pestiziden sowie die Gesteinsverwitterung vorherrschend waren. In Asien und Europa dominierten Bergbau und verarbeitende Industrie sowie die Gesteinsverwitterung, die zur Anreicherung von Schwermetallen in den aquatischen Ökosystemen und deren Organismen führen. Bergbau und verarbeitende Industrie sowie der Einsatz von Düngemitteln und Pestiziden waren die dominierenden Quellen von Schadstoffen in Nordamerika, während vier Quellen (Bergbau und verarbeitende Industrie, Einsatz von Düngemitteln und Pestiziden, Gesteinsverwitterung und Abfallentsorgung) für den Großteil der Schwermetallverschmutzung in Flüssen und Seen verantwortlich waren. Darüber hinaus werden die Umsetzung strenger Standards für Metallemissionen und das Recycling von Metallen aus Abwasser wirksam, um die Verschmutzung durch Schwermetallquellen zu kontrollieren. Allerdings ist festzuhalten, dass Metalle, die bereits in aquatischen Ökosystemen wie Flüssen oder Seen enthalten sind, bestenfalls verlagert werden können, aber nicht verschwinden. Deswegen ist es unbedingt erforderlich, keine Metalle in die Umwelt zu leiten, da – wie im Falle des Quecksilbers – sich dieses in Fischen anreichert (Wu et al. 2023; Donald et al. 2015 Mason et al. 1995) und zu neurodegenerativen Krankheiten des Menschen führen kann (Zahir et al. 2005, Carocci et al. 2014).

- **Belastung durch Mikroplastik:** Die Verbreitung von Mikroplastik in Gewässern hat Bedenken hinsichtlich ihrer Verfügbarkeit und Risiken für aquatische Biota, einschließlich Fischen, geweckt. Da Fische eine wichtige tierische Proteinquelle für den Menschen darstellen, verdienen das Vorkommen und die möglichen Auswirkungen von Mikroplastik in Fischen besondere Aufmerksamkeit. Obwohl es immer mehr Studien zur Aufnahme und Wirkung von Mikroplastik bei Fischen gibt, gibt es nur wenige Übersichtsstudien, die sich speziell mit dieser Thematik befassen. Durch die Zusammenfassung der zurzeit existierenden Literatur kann der Schluss gezogen werden, dass eine Mikroplastik-Kontamination in fast allen Arten von aquatischen Lebensräumen rund um den Globus auftreten könnte. Sowohl Feld- (also Meeres-, Fluß- und Seenstudien) als auch Laborstudien legen nahe, dass Fische sehr anfällig für die Aufnahme von Mikroplastik sind. Im Vergleich zu Meeresarten wurden Süßwasserfische weniger untersucht. Mikroplastik allein oder in Kombination mit anderen Schadstoffen könnte bei Fischen nach der Exposition verschiedene gesundheitliche Probleme verursachen. Es gibt noch immer keine eindeutigen Studien, die die Toxizität von Mikroplastik in Fischen und deren Gesundheit experimentell nachgewiesen haben. Gegenwärtig werden Debatten über die Umweltrelevanz der laborbasierten Wirkungsstudien und den relativen Beitrag von Mikroplastik zur Erhöhung der Exposition von Fischen gegenüber gefährlichen Chemikalien geführt (Wang et al. 2020).

Wie können Fische zukünftig nachhaltig auf unsere Teller kommen?

Gibt es nachhaltige Fische für die Zukunft, die den Fischbestand in den Meeren nicht belasten, die kein Futter aus dem Meer benötigen und die nicht mit potenziellen Schadstoffen kontaminiert sind?

Diese Fragen sind – wie man im amerikanischen Sprachraum sagt – „Million Dollar Questions", also Fragen, die sehr schwer zu beantworten sind. Und doch gibt es hierfür einige Lösungsansätze.

1.

Alternative Futtermittel, die nicht aus dem Meer kommen – **Pro und Contra:**
Seit einigen Jahrzehnten wird in der marinen Aquakultur intensiv nach alternativem Fischfutter geforscht (Shah et al. 2018; Turchini et al. 2011; Montero and Izquierdo 2011). Dabei wurden alternativ zu marinem Fischmehl (oft aus Anchovis und Makrelen aus Peru und Chile) etwa die Getreideanteile im Fischfutter erhöht (Glencross et al. 2020). Fischöl, das sehr reich an langkettigen Omega-3-Fettsäuren ist, wurde ebenso durch Pflanzenöle zu substituieren versucht (Sutili et al. 2018; Naylor et al. 2009). Die Verringerung von Fischölen im Fischfutter hatte allerdings negative Auswirkungen auf die Omega-3-Gehalte in marinen Fischen, wie z.B. im Atlantischen Lachs (Salmo salar). Sprague et al. (2016) konnten in einer Studie aus Schottland aufzeigen, dass innerhalb von 10 Jahren der Gehalt an Omega-3-Fettsäuren im Atlantischen Lachs um etwa 50% gesunken ist, weil die terrestrischen Fischölsubstitute viel weniger langkettige Omega-3-Fettsäuren haben (Fig. 4). In einer Studie gemeinsam mit der Firma GARANT Tierfutter als Forschungspartner sowie Forschern aus Schottland konnten wir im inter-universitären Zentrum zur Erforschung aquatischer Ökosysteme, Wasser-Cluster Lunz (www.wcl.ac.at), nachweisen, dass der heimische Seesaibling aus dem Lunzer See (Salvelinus alpinus) bei Fütterung von nachhaltigem Futter mit Kürbiskernpresskuchen eigenständig (durch seine Leberzellen) kurzkettige zu langkettigen Omega-3-Fettsäuren herstellen konnte (Murray et al. 2014). Allerdings sind diese Saiblinge weniger schnell gewachsen als jene, die marines Fischöl im Futter hatten (Fig. 5).

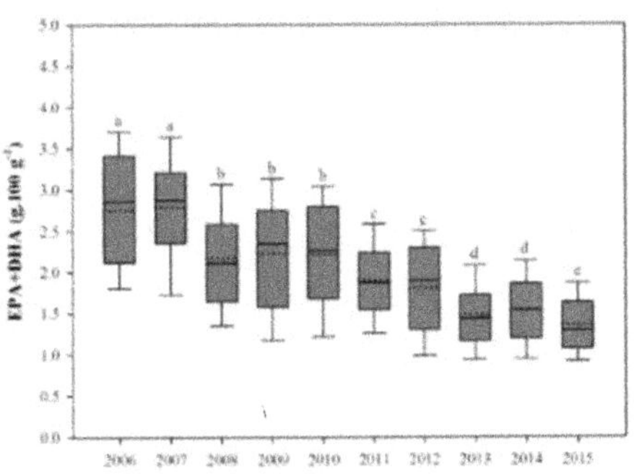

Fig. 4: Rasante Abnahme von langkettigen Omega-3-Fettsäuren im Atlantischen Lachs, der in Europa gezüchtet wird, durch geringere Beimischung von langkettigen Omega-3-Fettsäuren im Fischfutter, da das Fischöl teurer geworden ist und die Meeresfische langkettige Omega-3-Fettsäuren kaum eigenständig herstellen (konvertieren) können (Sprague et al. 2016).

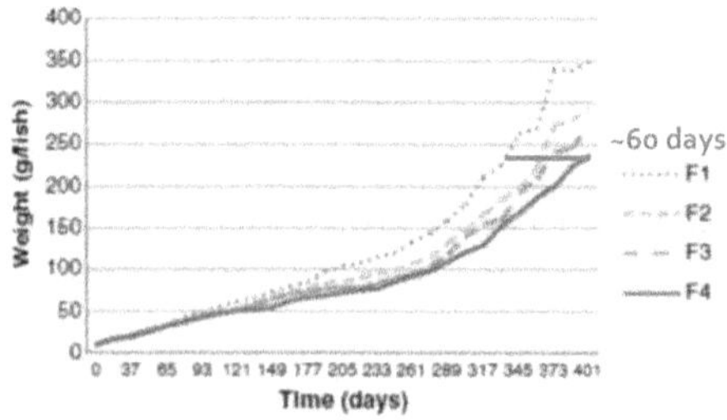

Fig. 5: Experimente am Lunzer Seesaibling. Fische, die mit alternativem Futter (Kürbiskernpresskuchen) gefüttert wurden, wuchsen langsamer und brauchten etwa 60 Tage länger, um das gleiche Schlachtgewicht zu erhalten, als Fische, die mit herkömmlichem Fischfutter (Fischfutter mit hohem Fischfettgehalt) gefüttert wurden (Murray et al. 2014).

2.

Friedfische (die keine anderen Fische fressen) **aus „sauberen" Lebensräumen:**
Der am stärksten steigende Aquakultursektor ist weltweit jener der Cypriniden (karpfenartige Fische) (Fig. 1). Diese Fische fressen kein marines Fischfutter und haben, im Gegensatz zu vielen anderen Raubfischen, geringere Schadstoffkonzentrationen im Muskelfleisch (Hites et al. 2004), aber auch einen geringeren Omega-3-Gehalt (Fig. 6). Diese karpfenartigen Fische, von denen in Österreich pro Jahr etwa 500 Tonnen aus der Teichwirtschaft allein im Waldviertel (Karpfen; *Cyprinus carpio*) gewonnen werden, sind nachhaltige Lebensmittel, und die Teiche (alle von Menschen gemacht!) tragen zur Steigerung der Biodiversität bei. Dies wird durch die Vielfalt an Wasserorganismen in den Teichen gewährleistet, die selbst als Nahrung (Insekten) für Vögel, Spinnen, Fledermäuse und andere Insektenfresser dienen (Fehlinger et al. 2022).

Fischteiche der Karpfenteichwirtschaft sind somit Wasserkörper von hoher **Nachhaltigkeit im Sinne des ONE HEALTH-Konzepts**. Sie fördern die **Biodiversität** und produzieren **nachhaltige** und **gesunde Fische** für den **Menschen**.

	Atlantischer Lachs	Saibling	Karpfen
Biomasse weltweit	n.a.	n.a.	900.000 t
in Aquakultur	2 863 000 t	3 700 t	8,200.000 t
Omega-3 pro 100 g	~1000 mg/100 g	~1000 mg/100 g	~200 mg/100 g
Schadstoffe	Hg, POPs, ...	Hg, POPs, ...	wenig

Fig. 6: Beispiele von einigen Speisefischen und deren Omega-3-Gehalten.

Illustrationen

Fig. 1: Weltweiter Fischfang und Aquakultur seit 1950 (FAO 2022).

Fig.2: Stoffflüsse von Nähr- und Schadstoffen zwischen terrestrischen und marinen Ökosystemen (Naylor et al. 2021).

Fig. 3: Das Konzept „One Health" beruht auf der Einsicht, dass die Gesundheit von Mensch, Tier und Umwelt untrennbar miteinander verknüpft ist.

Fig. 4: Rasante Abnahme von langkettigen Omega-3-Fettsäuren im Atlantischen Lachs, der in Europa gezüchtet wird, durch geringere Beimischung von langkettigen Omega-3-Fettsäuren im Fischfutter, da das Fischöl teurer geworden ist und die Meeresfische langkettige Omega-3-Fettsäuren kaum eigenständig herstellen (konvertieren) können (Sprague et al. 2016).

Fig. 5: Experimente am Lunzer Seesaibling. Fische, die mit alternativem Futter (Kürbiskernpresskuchen) gefüttert wurden, wuchsen langsamer und brauchten etwa 60 Tage länger, um das gleiche Schlachtgewicht zu erhalten, als Fische, die mit herkömmlichem Fischfutter (Fischfutter mit hohem Fischfettgehalt) gefüttert wurden (Murray et al. 2014).

Fig. 6: Beispiele von einigen Speisefischen und deren Omega-3-Gehalten.

Literatur

Amelia, T. S. M., W. M. A. W. M. Khalik, M. C. Ong, Y. T. Shao, H.-J. Pan, and K. Bhubalan. 2021. Marine microplastics as vectors of major ocean pollutants and its hazards to the marine ecosystem and humans. Progress in Earth and Planetary Science 8:1-26.

Bashir, I., F. A. Lone, R. A. Bhat, S. A. Mir, Z. A. Dar, and S. A. Dar. 2020. Concerns and threats of contamination on aquatic ecosystems. Bioremediation and biotechnology: sustainable approaches to pollution degradation:1-26.

Carocci, A., N. Rovito, M. S. Sinicropi, and G. Genchi. 2014. Mercury toxicity and neurodegenerative effects. Reviews of Environmental Contamination and Toxicology:1-18.

Chislock, M. F., E. Doctor, R. A. Zitomer, and A. E. Wilson. 2013. Eutrophication: causes, consequences, and controls in aquatic ecosystems. Nature Education Knowledge 4:10.

Donald, D. B., B. Wissel, and M. M. Anas. 2015. Species-specific mercury bioaccumulation in a diverse fish community. Environmental Toxicology and Chemistry 34:2846-2855.

Doney, S. C., M. Ruckelshaus, J. Emmett Duffy, J. P. Barry, F. Chan, C. A. English, H. M. Galindo, J. M. Grebmeier, A. B. Hollowed, and N. Knowlton. 2012. Climate change impacts on marine ecosystems. Annual Review of Marine Science 4:11-37.

FAO. 2022. Aquaculture Division. Rome: Food and Agriculture Organization of the United Nations.

Fehlinger, L., M. Mathieu-Resuge, M. Pilecky, T. P. Parmar, C. W. Twining, D. Martin-Creuzburg, and M. J. Kainz. 2022. Export of dietary lipids via emergent insects from eutrophic fish ponds. Hydrobiologia 850:3241-3256.

Glencross, B. D., J. Baily, M. H. G. Berntssen, R. Hardy, S. MacKenzie, and D. R. Tocher. 2020. Risk assessment of the use of alternative animal and plant raw material resources in aquaculture feeds. Reviews in Aquaculture 12:703-758.

Gola, D., P. K. Tyagi, A. Arya, N. Chauhan, M. Agarwal, S. Singh, and S. Gola. 2021. The impact of microplastics on marine environment: A review. Environmental Nanotechnology, Monitoring & Management 16:100552.

Hites, R. A., J. A. Foran, D. O. Carpenter, M. C. Hamilton, B. A. Knuth, and S. J. Schwager. 2004. Global assessment of organic contaminants in farmed salmon. Science 303:226-229.

Hoegh-Guldberg, O., and J. F. Bruno. 2010. The impact of climate change on the world's marine ecosystems. Science 328:1523-1528.

Landsberg, J. H., J. Hendrickson, M. Tabuchi, Y. Kiryu, B. J. Williams, and M. C. Tomlinson. 2020. A large-scale sustained fish kill in the St. Johns River, Florida: A complex consequence of cyanobacteria blooms. Harmful Algae 92:101771.

Malhi, Y., J. Franklin, N. Seddon, M. Solan, M. G. Turner, C. B. Field, and N. Knowlton. 2020. Climate change and ecosystems: threats, opportunities and solutions. Page 20190104. The Royal Society.

Mason, R. P., J. R. Reinfelder, and F. M. Morel. 1995. Bioaccumulation of mercury and methylmercury. Water, Air, and Soil Pollution 80:915-921.

Montero, D., and M. S. Izquierdo. 2011. Welfare and health of fish fed vegetable oils as alternative lipid sources to fish oil. Pages 439-485 in G. M. Turchini, W. K. Ng, and D. Tocher, editors. Fish Oil Replacement and Alternative Lipid Sources in Aquaculture Feeds. CRC Press, Boca Raton.

Murray, D. S., H. H. Hager, D. R. Tocher, and M. J. Kainz. 2014. Effect of partial replacement of dietary fish meal and oil by pumpkin kernel cake and rapeseed oil on fatty acid composition and metabolism in Arctic charr (Salvelinus alpinus). Aquaculture 431:85-91.

Naylor, R. L., R. W. Hardy, D. P. Bureau, A. Chiu, M. Elliott, A. P. Farrell, I. Forster, D. M. Gatlin, R. J. Goldburg, and K. Hua. 2009. Feeding aquaculture in an era of finite resources. Proceedings of the National Academy of Sciences 106:15103-15110.

Naylor, R. L., R. W. Hardy, A. H. Buschmann, S. R. Bush, L. Cao, D. H. Klinger, D. C. Little, J. Lubchenco, S. E. Shumway, and M. Troell. 2021. A 20-year retrospective review of global aquaculture. Nature 591:551-563.

Shah, M. R., G. A. Lutzu, A. Alam, P. Sarker, M. Kabir Chowdhury, A. Parsaeimehr, Y. Liang, and M. Daroch. 2018. Microalgae in aquafeeds for a sustainable aquaculture industry. Journal of Applied Phycology 30:197-213.

Sprague, M., J. R. Dick, and D. R. Tocher. 2016. Impact of sustainable feeds on omega-3 long-chain fatty acid levels in farmed Atlantic salmon, 2006-2015. Scientific Reports 6:21892.

Sutili, F. J., D. M. Gatlin III, B. M. Heinzmann, and B. Baldisserotto. 2018. Plant essential oils as fish diet additives: benefits on fish health and stability in feed. Reviews in Aquaculture 10:716-726.

Turchini, G. M., W. K. Ng, and D. R. Tocher. 2011. Fish oil replacement and alternative lipid sources in aquaculture feeds. CRC Press, Boca Raton.

Wang, W., J. Ge, and X. Yu. 2020. Bioavailability and toxicity of microplastics to fish species: A review. Ecotoxicology and Environmental Safety 189:109913.

Wu, P., H. Yan, M. J. Kainz, B. Branfireun, A.-K. Bergström, M. Jing, and K. Bishop. 2023. Investigating the diet source influence on freshwater fish mercury bioaccumulation and fatty acids—Experiences from Swedish lakes and Chinese reservoirs. Ecotoxicology.

Zahir, F., S. J. Rizwi, S. K. Haq, and R. H. Khan. 2005. Low dose mercury toxicity and human health. Environmental toxicology and pharmacology 20:351-360.

Zhou, Q., N. Yang, Y. Li, B. Ren, X. Ding, H. Bian, and X. Yao. 2020. Total concentrations and sources of heavy metal pollution in global river and lake water bodies from 1972 to 2017. Global Ecology and Conservation 22:e00925.

Zinsstag, J., E. Schelling, L. Crump, M. Whittaker, M. Tanner, and C. Stephen. 2020. One Health: the theory and practice of integrated health approaches. CABI.

TANIA EULALIA MARTINEZ-CRUZ

OLD WINES, NEW WINESKINS: INDIGENOUS PEOPLES' KNOWLEDGE SYSTEMS AND PRACTICES AS KEY FOR SUSTAINABLE FOOD SYSTEMS AND PLANET:

Gewöhnlich werden bei einer Tagung die PowerPoint-Präsentationen nicht abgedruckt. Doch bei dem Referat von Tania Eulalia Martinez Cruz geschieht genau dies: Die visuelle Ebene überwiegt das Diskursive. Nicht wenige Wissenschaftler*innen finden in den Lebensweisen indigener Völker Hinweise für eine Aussöhnung mit der Natur. Wissenschaftler*innen aus indigenen Gemeinschaften unterstützen dies, sehen dies aber auch kritisch. Denn indigene Lebensformen folgen anderen Vorstellungen von der Welt, und die Problemlösungen, die sie bieten, erfordern ein Sich-Unterbrechen und Umdenken, ein buchstäbliches In-eine-andere-Richtung-Denken. Um dies anzuregen – und aus technischen Gründen –,wird der Beitrag von Tania Eulalia Martinez als PowerPoint-Präsentation abgedruckt.

Weitere Informationen finden sich z.B. auf ihrer Website: https://taniamartinez.org/ Cruz kommt aus Mexiko und gehört zur Gemeinschaft der Ayuuk ja'ay, die nie von den Weißen erobert wurden.

Ursula Baatz, Kuratorin Symposion Dürnstein

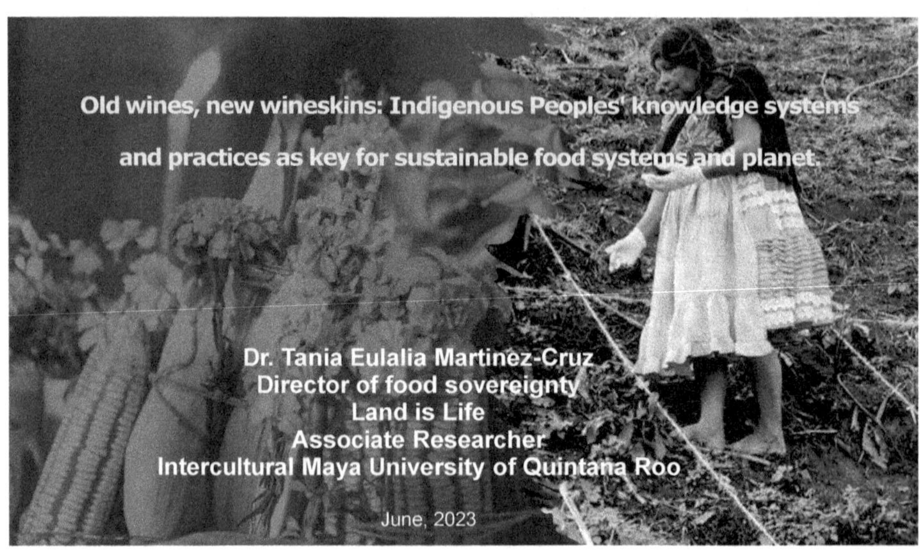

"I got you a present"

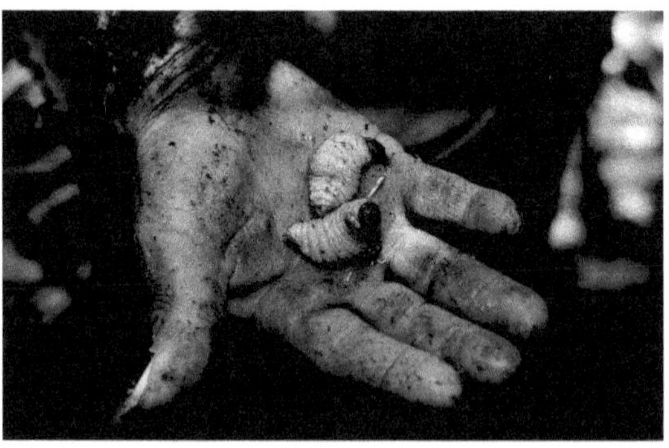

Source: https://cerosetenta.uniandes.edu.co/especiales/recetario-rebelde/tuyu-tuyu-el-viscoso-y-nutritivo-manjar-de-la-amazonia-boliviana.html

→ Indigenous Peoples' food systems:

Crop production vs food generation

Picture credits:
Left: Stevanovicigor retrieved from https://www.gardeningknowhow.com/plant-problems/environmental/monoculture-gardening.htm
Right: Carlos Barragan

→ Indigenous Peoples' adapted to broad range of environments

UIMQROO

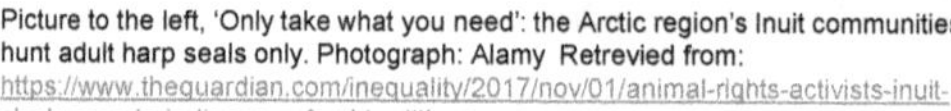

Picture to the left, 'Only take what you need': the Arctic region's Inuit communities hunt adult harp seals only. Photograph: Alamy Retrevied from: https://www.theguardian.com/inequality/2017/nov/01/animal-rights-activists-inuit-clash-canada-indigenous-food-traditions
Accessed on July 6th, 2021
Picture to the right, author's picture: Tohono women in Arizona harvesting Sahuaros in the driest season of the year

Can Indigenous Peoples' Food Systems, Indigenous Peoples' knowledge and 'scientific modern' knowledge co-exist?

Indigenous Peoples' ...e + 'Scientific' knowledge = Knowledge co-production/ co-creation

UIMQROO

Pictures: Left (Tania Martinez), middle (Humberto Castro), right (Carlos Barragan)

Indigenous Peoples, farmers and people can improve their self-sufficiency AUTARKIE and food sovereignty

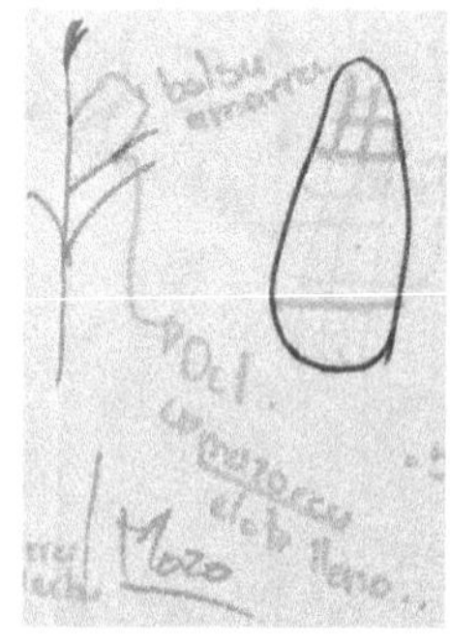

Indigenous Peoples, farmers and people can improve their self-sufficiency and food sovereignty

What can we learn from Indigenous Peoples?
A Waiãpi man at the indigenous reserve in Amapá state in Brazil. Photograph: AFP Contributor/AFP/Getty Images
Retrieved from https://www.theguardian.com/world/2019/jul/28/amazon-gold-miners-invade-indigenous-village-brazil-leader-killed

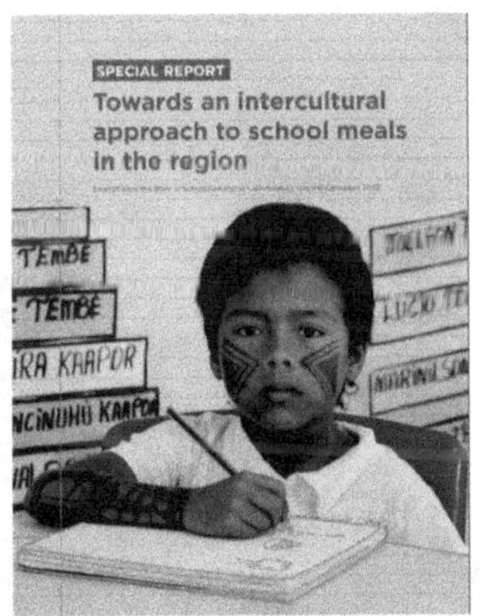
SPECIAL REPORT
Towards an intercultural approach to school meals in the region
TEMBE
TEMBE
KAAPOR

UIMQROO

Capacity building

Sustainable practices, embracing native seeds, agroecology, implementing seed banks...

UIMQROO

THANK YOU!

More info at

tania@landislife.org

UIMQROO

SOFIA MONSALVE – FIAN INTERNATIONAL

WELCHE ZUKUNFT WOLLEN WIR FÜR UNSERE ERNÄHRUNG?

Es ist eine dringende Aufgabe, ungerechte, ungesunde und die Natur schädigende Ernährungssysteme zu verändern. Da es keine Fortschritte bei der Überwindung von Hunger und Unterernährung gibt, hat UN-Generalsekretär António Guterres im September 2021 einen Gipfel für Ernährungssysteme einberufen. Der Gipfel sollte „mutige neue Maßnahmen" erörtern, um die Art und Weise, wie die Welt Lebensmittel produziert und konsumiert, umzukehren. Das Infragestellen der ungerechten Machtverhältnisse, die die industriellen Ernährungssysteme ausmachen, war jedoch nicht Teil dieser „mutigen Maßnahmen".

Abb. 1: Which Future? © FIAN International und Harjyot Khalsa

Dieses Versäumnis löste eine Kontroverse aus, die bis heute anhält. Die weltweite Bewegung für Ernährungssouveränität hat sowohl die starke Beteiligung des Unternehmenssektors an der Vorbereitung des Gipfels infrage gestellt als auch die Bevorzugung von Lösungsansätzen, die auf die Interessen der Unternehmen bei der Umgestaltung der Ernährungssysteme ausgerichtet sind – insbesondere die herausragende Rolle digitaler Technologien, zum Nachteil von Maßnahmen, die darauf abzielen, bestehende Ungleichheiten in den Ernährungssystemen zu verringern. Diese Bedenken wurden in der *politischen Erklärung der zivilgesellschaftlichen Organisationen*[4], die aus Protest am UN-Gipfel nicht teilgenommen haben, zum Ausdruck gebracht. Aber nicht nur zivilgesellschaftliche Organisationen und indigene Völker protestierten gegen die einseitige Bevorzugung von Unternehmen. Ähnliche Bedenken wurden auch von Wissenschaftler*innen und Forscher*innen geäußert, wie aus den Stellungnahmen des *Internationalen Expertengremiums für nachhaltige Ernährungssysteme (IPES-Food)*[5], dem die Autorin angehört, und der unabhängigen Plattform *Healthy Societies*[6] sowie von drei *UN-Sonderberichterstatter*innen*[7] für Menschenrechte hervorgeht.

Zwar wurden auf dem Gipfel keine zwischenstaatlichen Vereinbarungen getroffen, doch die informellen Ergebnisse des Gipfels zielen darauf ab, den Gipfel ganz oben auf die internationale Agenda zu setzen: einerseits durch nationale Pläne für die Transformation der Ernährungssysteme, die durch eine vom Generalsekretär bei der FAO eingerichtete Anlaufstelle unterstützt werden, und andererseits durch 27 Multi-Stakeholder-Koalitionen, die eine Reihe von Themen vorantreiben sollen, die als entscheidend für die Transformation gelten. *Mindestens sieben dieser Koalitionen*[8] konzentrieren sich auf die Förderung digitaler Technologien. Da der Gipfel parallele Initiativen zu bestehenden UN-Institutionen, d. h. dem Komitee für Welternährungssicherheit (CFS) und der FAO, ins Leben gerufen hat, ist nicht klar, wie diese koordiniert werden sollen. Im Falle der FAO ist es bemerkenswert, dass die derzeitige Führung eine engere Zusammenarbeit mit dem Unternehmenssektor anstrebt und eine Digitalisierungsagenda fördert, wie aus der Analyse über *„Corporate dominance of global food governance“*[9] hervorgeht, welche von Organisationen der Zivilgesellschaft erstellt wurde, die sich mit diesen Themen beschäftigen.

---

4 https://www.csm4cfs.org/no-to-corporate-food-systems-yes-to-food-sovereignty/

5 https://ipes-food.org

6 https://www.healthysocieties2030.org/open-letter-un-food-systems-summit

7 https://www.ohchr.org/en/statements/2021/09/un-food-systems-summit-marginalizes-human-rights-and-disappoints-say-experts

8 https://www.unfoodsystemshub.org/hub-solution/compendium-of-food-systems-coalitions

9 https://www.unfoodsystemshub.org/hub-solution/compendium-of-food-systems-coalitions

Mit anderen Worten: Sowohl der Gipfel als auch die FAO haben ihren Schwerpunkt auf die Förderung von Technologie und Digitalisierung gelegt, um sowohl die Ernährungssysteme umzugestalten als auch die weltweite Hungerkrise zu bewältigen, die sich 2022 verschärft hat, aber schon vor der COVID-Pandemie angestiegen war. Themen wie der ungleiche Zugang zu Land sowie die Konzentration der Marktmacht einiger weniger multinationaler Unternehmen in Bereichen wie Düngemittel oder dem globalen Getreidehandel werden sowohl vom Gipfel als auch von der FAO ignoriert. Die derzeit konzernfreundliche Agenda des Generalsekretärs und der FAO gießt praktisch Öl ins Feuer: Sie wird die Kontrolle der Unternehmen über die Ernährungssysteme vergrößern, und das bedeutet, sie wird die strukturellen Ursachen von Hunger und Unterernährung sowie die ökologische Zerstörung verstärken.

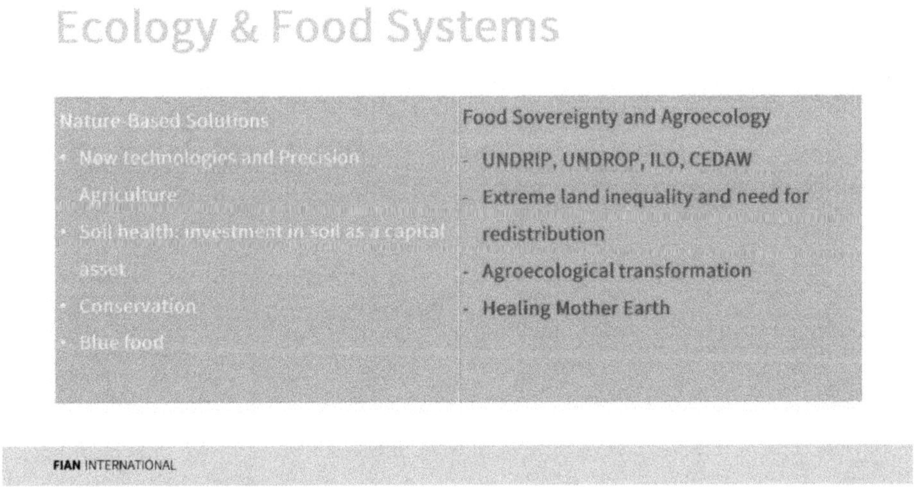

Ecology & Food Systems

Nature Based Solutions	Food Sovereignty and Agroecology
• New technologies and Precision Agriculture • Soil health: investment in soil as a capital asset • Conservation • Blue food	- UNDRIP, UNDROP, ILO, CEDAW - Extreme land inequality and need for redistribution - Agroecological transformation - Healing Mother Earth

FIAN INTERNATIONAL

Abb. 2: Which Future? © FIAN International und Harjyot Khalsa

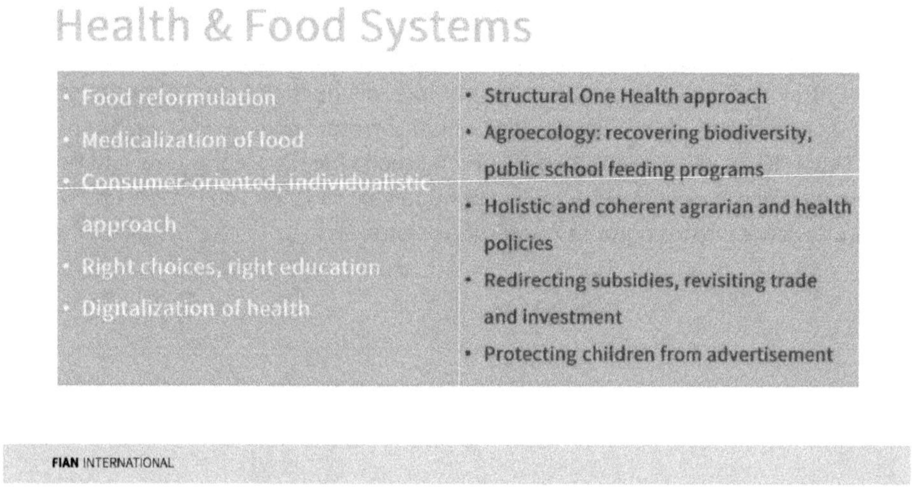

Health & Food Systems

• Food reformulation • Medicalization of food • Consumer oriented, individualistic approach • Right choices, right education • Digitalization of health	• Structural One Health approach • Agroecology: recovering biodiversity, public school feeding programs • Holistic and coherent agrarian and health policies • Redirecting subsidies, revisiting trade and investment • Protecting children from advertisement

FIAN INTERNATIONAL

Abb. 3: Which Future? © FIAN International und Harjyot Khalsa

Ecology & Food Systems

Nature-Based Solutions	Food Sovereignty and Agroecology
• New technologies and Precision Agriculture • Soil health: investment in soil as a capital asset • Conservation • Blue food	- UNDRIP, UNDROP, ILO, CEDAW - Extreme land inequality and need for redistribution - Agroecological transformation - Healing Mother Earth

FIAN INTERNATIONAL

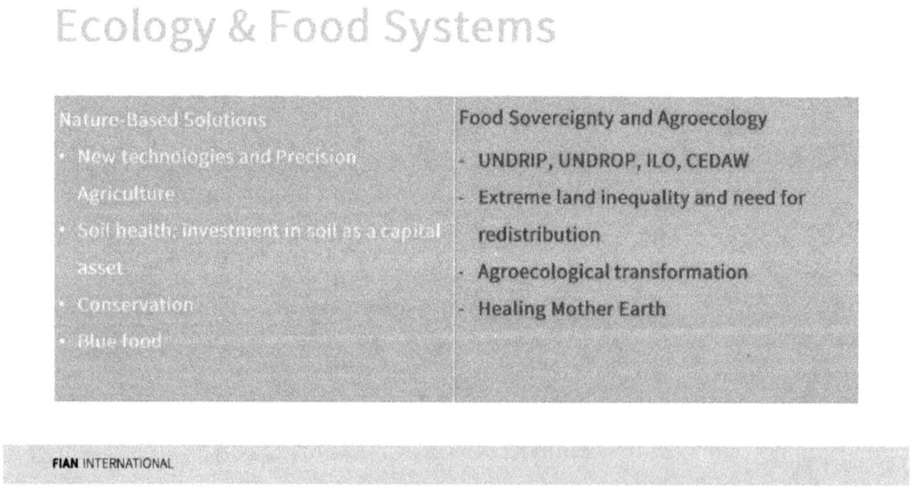

Abb. 4: Which Future? © FIAN International und Harjyot Khalsa

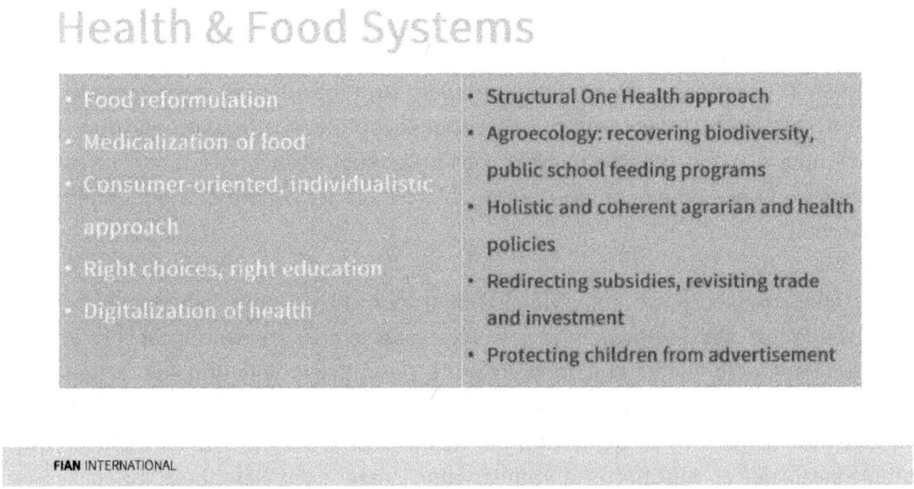

Health & Food Systems

• Food reformulation • Medicalization of food • Consumer-oriented, individualistic approach • Right choices, right education • Digitalization of health	• Structural One Health approach • Agroecology: recovering biodiversity, public school feeding programs • Holistic and coherent agrarian and health policies • Redirecting subsidies, revisiting trade and investment • Protecting children from advertisement

FIAN INTERNATIONAL

Abb. 5: Which Future? © FIAN International und Harjyot Khalsa

Ecology & Food Systems

Nature-Based Solutions • New technologies and Precision Agriculture • Soil health: investment in soil as a capital asset • Conservation • Blue food	Food Sovereignty and Agroecology - UNDRIP, UNDROP, ILO, CEDAW - Extreme land inequality and need for redistribution - Agroecological transformation - Healing Mother Earth

FIAN INTERNATIONAL

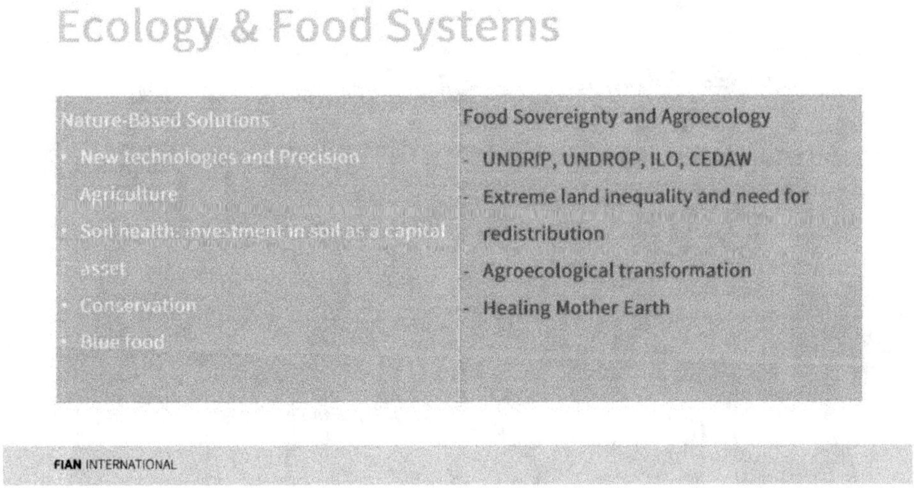

Abb. 6: Which Future? © FIAN International und Harjyot Khalsa

Ernährungssysteme verändern zu wollen und dabei nicht explizit auf Machtverhältnisse einzugehen ist im besten Fall naiv. De facto werden hierdurch Verantwortlichkeiten verschleiert. Machtvolle Akteure können ungestört von kritischen Fragen und Rechenschaftspflichten weiterhin ihre Interessen verfolgen – zum Schaden der Allgemeinheit. Betrachten wir zum Beispiel den Zugang zu Land: Etwa 80 % der landwirtschaftlichen Betriebe sind kleiner als zwei Hektar; sie bedecken etwa 12 % der weltweiten landwirtschaftlichen Nutzfläche. Hingegen kontrolliert ein Prozent der landwirtschaftlichen Betriebe mehr als 70 % der Agrarflächen. Landkonzentration ist zunehmend auch in der EU ein Problem, wo sie durch das Prinzip des freien Kapitalverkehrs zusammen mit den Subventionen der Gemeinsamen Agrarpolitik, die an die Landfläche gebunden sind, angekurbelt wird.

Eine starke Landkonzentration verleiht Großgrundbesitzer*innen viel Macht. Im Falle der EU bedeutet dies die Bevorzugung der Interessen großer Agrarproduzent*innen zum Nachteil der kleinbäuerlichen Landwirtschaft. Diese Diskriminierung hat verheerende Konsequenzen für eine dezentrale, möglichst lokale Versorgung mit frischen und gesunden Lebensmitteln, für den Erhalt der heimischen Biodiversität, der Landschaftspflege sowie des praktischen und traditionellen Wissens der Kleinbäuer*innen.

Abb. 7: Which Future? © FIAN International and Zago Brothers

Abb. 8: Which Future? © FIAN International and Zago Brothers

Ein weiteres Beispiel sind Pestizide. Die fünf größten Pestizidhersteller besitzen einen Weltmarktanteil von über 80 Prozent. Etwa ein Drittel ihres Umsatzes machen sie mit dem Verkauf hochgradig gefährlicher Pestizide. Diese sind meist in ihren Herkunftsländern verboten, werden aber in Länder mit unzureichender Regulierung exportiert. So werden etwa 25 bis 30 Prozent der in Brasilien am häufigsten verwendeten Pestizide nicht in ihren Herkunftsländern – darunter auch Deutschland – verkauft. Pestizide verursachen pro Jahr geschätzt 385 Millionen Fälle akuter Vergiftungen. Betroffen ist vor allem die ländliche Bevölkerung im globalen Süden.

Trotz der enormen Schäden – neben der Vergiftung von Landarbeiter*innen auch die Verschmutzung von Böden und Wasser sowie die Verringerung der Artenvielfalt – hat der Einsatz von Pestiziden in den letzten Jahrzehnten drastisch zugenommen. Die Hersteller wenden aggressive Marketingtaktiken an und leugnen das Ausmaß der Schäden, indem sie darauf beharren, dass die ordnungsgemäße Anwendung sicher sei. Darüber hinaus betreibt die Industrie intensive Lobbyarbeit bei Regierungen und UN-Organisationen, sodass diese die Nutzung von Pestiziden fördern und einen agrarchemiefreundlichen Regulierungsrahmen schaffen. So gaben beispielsweise im Oktober 2020 die Welternährungsorganisation (FAO) und CropLife International eine offizielle Partnerschaft bekannt. CropLife ist der internationale Lobbyverband der Agrarchemie-, Pestizid- und Saatgutbranche. Mit dieser Partnerschaft hat sich die FAO dafür entschieden, die Interessen der machtvollen Agrarkonzerne zu begünstigen, anstatt zu einer umfassenden Förderung einer agrarökologischen Wende beizutragen. Die Transformation ungerechter, ungesunder und klimaschädlicher Ernährungssysteme ist eine dringende Aufgabe. Durch das geschickte Ignorieren zentraler Themen dient dieser UN-Gipfel daher der Machtfestigung von transnationalen Konzernen und den Ländern des Nordens im Weltagrarhandel. Auf diese Weise erlaubt es die UNO dem Agrobusiness, seine Kontrolle über Land, Wasser und Fischerei auszuweiten, kommerzielles Saatgut quasi zu monopolisieren und den Verkauf von Pestiziden und chemischen Düngemitteln als Lösung umzuetikettieren, anstatt die damit verbundenen Schäden anzuerkennen, geschweige denn zu beheben.

1948 erkannte die UNO an, dass Nahrung ein Menschenrecht ist. Mit dem naiven oder gewollten Ignorieren der Machtfrage weitet der UN-Gipfel die Machtstellung von Konzernen aus, anstatt der Stimme Hunderten von Millionen hungernden Menschen Gewicht und damit Hoffnung zu geben.

Illustrationen
Abb. 1: Which Future? © FIAN International und Harjyot Khalsa.
Abb. 2: Which Future? © FIAN International und Harjyot Khalsa.
Abb. 3: Which Future? © FIAN International und Harjyot Khalsa.
Abb. 4: Which Future? © FIAN International und Harjyot Khalsa.
Abb. 5: Which Future? © FIAN International und Harjyot Khalsa.
Abb. 6: Which Future? © FIAN International und Harjyot Khalsa.
Abb. 7: Which Future? © FIAN International and Zago Brothers.
Abb. 8: Which Future? © FIAN International and Zago Brothers.

KARL BAUER

DIE ZUKUNFT DER LANDWIRTSCHAFT UND ERNÄHRUNG IN ÖSTEREICH – VERSORGUNGSSICHERHEIT, SELBSTVERSORGUNG, GESETZLICHE ANFORDERUNGEN

Transformation ist ein ständiger Wegbegleiter für die Landwirtschaft in der Sicherstellung der Versorgung mit Lebensmitteln. Dass eine globale Betrachtung unabdingbar ist, beweisen bereits zwei einfache Betrachtungen.

- In den letzten rund 100 Jahren hat sich die Weltbevölkerung vervierfacht, sie ist von 2 Mrd. auf 8 Mrd. Menschen angestiegen (Quelle: Vereinte Nationen). Anders ausgedrückt: pro Jahr kommt ca. einmal die Bevölkerung Deutschlands hinzu.
- Die Nachfrage oder vielmehr der Konsum von Fleisch hat sich laut FAO-Hochrechnung in den letzten 20 Jahren auf knapp 43 kg pro Kopf und Jahr fast verdoppelt. Dass dies nicht ausschließlich ein einkommensbezogenes Phänomen darstellt, belegt der Vergleich von drei unterschiedlichen Ländern: Spitzenreiter sind die USA mit ca. 120 kg, ein kaufkraftschwaches Land wie die Mongolei liegt bei 94 kg und Japan bei 59 kg (ohne Fisch). Das entspricht zufällig auch dem Wert in Österreich; bei uns hat der Fleischkonsum in den letzten 20 Jahren um 10% abgenommen.

Transformation in der Landwirtschaft ist bisher der Entwicklung in der Nachfrage und dem Einsatz neuer Entwicklungen, neuer Technologien und sich stetig verändernden Rahmenbedingungen gefolgt. Dabei sind unterschiedliche Bereiche angesprochen und betroffen:

Zum einen die Züchtung in der pflanzlichen und tierischen Produktion. Diese stellt die Grundlage für die ausreichende Versorgung mit Lebensmitteln angesichts des sich wandelnden Konsumverhaltens auf lokaler, regionaler und globaler Ebene dar. Verstärkt werden diese Effekte durch die unterschiedliche Bevölkerungsentwicklung und Zunahme der Kaufkraft. Durch die erfolgreiche Anwendung unterschiedlicher Züchtungsmethoden ist es gelungen, nicht nur das absolute Produktionsniveau zu steigern, sondern auch die Effizienz in der Produktion zu erhöhen.

Zum anderen geht es um die Entwicklungen in der Mechanisierung bis hin zur Digitalisierung in der landwirtschaftlichen Produktion. Anders wäre der drastische Rückgang an Arbeitskräften in der Land- und Forstwirtschaft nicht zu bewältigen gewesen, zum Teil gehen diese Entwicklungen Hand in Hand. Das WIFO hat errechnet, dass ein Landwirt in Österreich im Jahr 2000 noch 67 Personen in Österreich ernährt hat, im Jahr 2017 waren es bereits 117 Personen. Der Vergleich zur Kaufkraftentwicklung zeigt ein noch drastischeres Bild: 1954 haben wir in Österreich im Durchschnitt pro Kopf mehr als ein Drittel der Haushaltsausgaben für unsere Ernährung getätigt, 2017 war es – wie heute auch – ein Achtel!

Auf europäischer Ebene ist der Green Deal von der Europäischen Kommission ohne großen Beteiligungsprozess aufgestellt worden. Dieser stellt für viele die Grundlage für die Transformation in der Landwirtschaft dar. Nimmt dieser tatsächlich die drei Säulen der Nachhaltigkeit gleichwertig auf und an? In einem seiner zentralen Elemente, in der Farm-to-Fork-Strategie, ist das EU-weite Ziel von 25% Anteil der Bioproduktion in der Landwirtschaft festgelegt.

Österreich ist BIO-Europameister – so sehen wir uns; aber wer kann das wirklich in Anspruch nehmen? Österreich unterstützt BIO besonders: Laut Grünem Bericht 2023 erhalten rund 23% der Betriebe mit ca. 26% der Fläche mehr als 40% der Mittel aus dem ÖPUL. Aber, wie sieht es aus am Markt?

Langfristig gesehen wächst die Bio-Produktion in Österreich und auch EU-weit; jedoch hat die Nachfrage nach einem Anstieg während der Corona-Krise aufgrund der Ukrainekrise und steigender Preise nachgelassen, insbesondere bei Milch, Milchprodukten und Eiern, während die mengen- und wertmäßige Entwicklung des Bio-Anteils im LEH bei Frischobst, Frischgemüse und Kartoffeln positiv ist. Die Preisdifferenz zwischen biologisch und konventionell produzierten Produkten nimmt zunehmend ab. Die aktuelle Kampagne der AMA-Marketing „das hat einen Wert" soll helfen, die Wertschätzung zu steigern.

Was sagt die Branche:

Der Rückgang der Bio-Betriebe ist höher als die via ÖPUL gemeldeten Zahlen, wobei die Gründe in den Herausforderungen im Zusammenhang mit der neuen Bio-Verordnung und den zugleich fehlenden finanziellen Abgeltungen gesehen werden. Eine Vereinfachung des Bioregelungswerks wäre wünschenswert.

Nun zur Transformation allgemein:

Für WEN gilt das?
Für die Produktion?
Für den Konsum?

- In Österreich? Da haben wir seit dem EU-Beitritt konsequent den Weg der ökosozialen Marktwirtschaft fortgeführt – konkret mit dem Agrarumweltprogramm mit einem breiten Angebot für freiwillige Maßnahmen sowohl für die reguläre Produktion als auch für BIO! 4 von 5 Betrieben nehmen teil, und das seit mittlerweile 3 Jahrzehnten - ÖPUL-Betriebe next generation quasi!
- In der EU? Da ist es uns in einem über 5 Jahre dauernden, noch nie da gewesenen Beteiligungsprozess aller Stakeholder gelungen, die gesellschaftlichen Forderungen in die Maßnahmen der nationalen GAP-Strategiepläne einfließen lassen. Den Landwirtinnen und Landwirten erklären wir – Stichwort neue verstärkte Konditionalität oder no backsliding principle –, dass sie ein Mehr an Leistungen erbringen müssen und dafür einen geringeren finanziellen Ausgleich erhalten.
- Eine anerkannte Messmethode unseres Konsumverhaltens in Österreich stellt die sogenannte Roll-AMA dar. Demzufolge konnte der wertmäßige Anteil der Bioprodukte im Lebensmitteleinzelhandel über die letzten Jahre in Bereichen wie Frischobst und Frischgemüse geringfügig gesteigert werden. Bei Trinkmilch oder Eiern ist leider ein rückläufiger Trend zu verzeichnen. Nach wie vor weit unter 10% liegt der Wert von heimischem BIO bei Fleisch und Wurstwaren. Wollen wir hier auf zumindest 25% Anteil kommen, dann reicht eine Steigerung des bisherigen Niveaus um 100% noch nicht aus!

Inwieweit gilt Transformation auch für die sogenannten Subventionen:

Wer kennt die Definition? Wir legen stets größten Wert auf faktenbasierte und fundierte Analysen: Subventionen sind (Geld-)Leistungen ohne Gegenleistung – bestes Beispiel für eine Subvention ist - angesichts fast täglich neuer Passagierrekorde in der globalen Luftfahrt - die Nichtbesteuerung von Kerosin.

Wie verhält sich das mit den GAP-Zahlungen? Rechtsgrundlage ist der Artikel 39 im Primärrecht der Europäischen Union mit der Festlegung, dass Europa seinen Landwirten einen angemessenen Anteil am wirtschaftlichen Erfolg zuspricht und Lebensmittel, die für die Verbraucher zu leistbaren Bedingungen angeboten werden. Die Zahlungen in der GAP sind somit (Teil-)Kompensationen für zusätzliche Aufwendungen durch höhere Standards oder entgangene Erlöse.

Die Zahlungen der GAP umfassen, weniger als 30% des gesamten EU-Haushalts, aber weniger als 1% aller öffentlichen Ausgaben im EU-Raum! Weniger als 1% für eine nachhaltige Lebensmittelproduktion mit Mehrwert und Zusatznutzen wie Sicherung der vitalen ländlichen Räume, Offenhaltung der Kulturlandschaft etc.

Sichtwort Nachhaltigkeit:

Diese hat gemäß Definition der GAP-Verordnung 3 Säulen, und die sind gleichberechtigt. Aufgrund des Green Deals liegt die Vermutung nahe, es gehe nur um die ökologische Komponente:

Beispiel Treibhausgase: Von den 100% globalen THG-Emissionen stammen laut EK rund 9% aus der EU, davon sind 14% der Lebensmittelproduktion durch die Landwirtschaft zuzurechnen. Die Landwirtschaft wird durch Effizienzsteigerung, Digitalisierung und andere technische Verbesserungen ihren Beitrag dazu leisten - so wie sie das bisher schon gemacht hat. Der heimischen Land- und Forstwirtschaft ist es als einzigem produzierenden Sektor gelungen, durch entsprechende Reduktionsmaßnahmen im eigenen Wirkungsbereich die THG-Emissionen gegenüber 1990 um rund 15 Prozent zu reduzieren. Treibhausgase kennen aber keine geografischen Grenzen. Uns muss bewusst sein, dass die EU-Landwirtschaft mit weniger als 1,5% an den globalen THG das Problem der globalen Erwärmung durch Transformation oder was auch immer sonst nicht leisten kann. Am EU-Landwirtschaftsanteil sind 2% der Anteil der österreichischen Landwirtschaft, also 0,03% Anteil an den globalen Treibhausgasen. Da ist die Frage zulässig: Was sind die Vorschläge einschließlich der verbindlichen Ziele der anderen Produktionssektoren bis 2030/2040/2050 und wie viel Aufmerksamkeit wird diesen geschenkt?

Stichwort globale Entwicklungen:

10 Mrd. Menschen werden auf unserem Planeten bis 2050 laut FAO die Nachfrage nach Fleisch in diesem Zeitraum um 40% erhöhen. Und wer nimmt für sich in Anspruch, den Menschen in den Ländern mit den größten Anstiegen in der Bevölkerung und gleichzeitig in der Nachfrage nach tierischen Produkten zu sagen, dass sie ihre Ernährungsgewohnheiten ändern sollen oder müssen?

Es geht bei der globalen Betrachtung um Größenordnungen, daher sind zur Veranschaulichung die Zahlen stark gerundet:

Wir können als 500 Mio. Europäer unseren Fleischkonsum um 10% (das sind in etwa 5kg pro Kopf und Jahr) verringern - dies ergibt eine Reduktion von 2,5 Mrd. kg.

Gleichzeitig liegt der Trend in Ostasien mit 3 Mrd. Menschen bei plus 20% (das sind in etwa ebenfalls 5kg pro Kopf und Jahr) - dies ergibt einen zusätzlichen Bedarf von 15 Mrd. kg. Die Relation liegt bei 1:6 und der absolute Mehrbedarf bei 12,5 Mrd. kg.

Es drängt sich also vermehrt die Frage auf: Wie können nachhaltige Produktion und nachhaltiger Konsum in Einklang gebracht werden? Das ist die eigentliche Grundfrage für die Transformation.

Effizienz spielt dabei eine wesentliche Rolle, aber ohne die soziale Dimension zu betrachten, würde auch das zu kurz greifen.

Zusammengefasst bedeutet das:

- Ja, die Landwirtschaft bekennt sich zu ihrer Verantwortung, die Lebensmittelversorgung mit qualitativ hochwerten, nachhaltigen Produkten langfristig sicherzustellen.
- Es werden dafür laufende Anpassungen zur Effizienzsteigerung und Ressourcenschonung vorgenommen.
- Die wirtschaftliche Beständigkeit der Landwirtinnen und Landwirte ist hierfür die unabdingbare Voraussetzung, andernfalls würde folgender Effekt eintreten:
- Ohne heimische Landwirtschaft bleibt uns keine Wahl: Importabhängigkeit, keine vergleichbare nachhaltige Produktion, Verlust der vitalen ländlichen Räume bis hin zum Einbruch von Wertschöpfungsbringern wie dem Tourismus wären die Folge.
- Setzen wir daher gemeinsam Maßnahmen und Taten, die das gegenseitige Vertrauen von landwirtschaftlicher Produktion und gesellschaftlichem Konsumverhalten zum Wohle beider in Einklang bringen.

CHRISTINA PLANK

WIE EIN WEG ZU EINEM NACHHALTIGEN ERNÄHRUNGSSYSTEM AUSSEHEN KANN

Ernährung spielt eine gewichtige Rolle in der Gestaltung einer nachhaltigen Zukunft. Die Forscherin Christina Plank erklärt, was dabei wichtig wäre

Community-Artikel von Christina Plank, erschienen in DerStandard, 15. Februar 2024 als Veranstaltungshinweis für das Symposion Dürnstein 2024[10]

Diskussionen um die richtige Ernährungsweise führen regelmäßig zu kontroversen Debatten. Tatsache ist, dass der Fleischkonsum bei Männern um das Dreifache und bei Frauen um das Eineinhalbfache höher ist, als in der österreichischen Ernährungspyramide [https://www.ages.at/mensch/ernaehrung-lebensmittelfernaehrungsempfehlungen/die-oesterreichische-ernaehrungspyramide] empfohlen. Diese Ernährungsgewohnheit führt nicht nur zu gesundheitlichen Problemen, sondern löst auch soziale und ökologische Konflikte aus, die nicht zuletzt zur Klima- und Biodiversitätskrise beitragen.

Produktion muss nachhaltiger werden

Polit-ökonomisch betrachtet sind es die Strukturen [https://klimafreundlichesleben.apcc-sr.ccca.ac.at/] in der Produktion, der Verteilung und im Konsum, die das Ernährungssystem prägen und die sich aktuell als nicht nachhaltig gestalten. Ob Freihandelsabkommen, die nur Monokulturen wie zum Beispiel Sojafelder in Argentinien fördern, Förderzahlungen der Europäischen Union, die sich nach der Hektargröße landwirtschaftlicher Betriebe richten und damit große gegenüber kleinen Betrieben bevorzugen, prekäre Arbeitsbedingungen von Erntearbeiter*innen oder die Dominanz der Handelsketten - entlang der gesamten Wertschöpfungskette zeigt sich großes Potenzial für Verbesserungen hin zu einem nachhaltigen Ernährungssystem. Weiters wäre vor allem die Umgestaltung von Handelspolitiken notwendig, um zu einer gerechteren globalen Verteilung von natürlichen Ressourcen zu kommen, da diese aktuell unglei-

10 Community-Artikel von Christina Plank, erschienen in DerStandard am 15. Februar 2024 als Veranstaltungshinweis für das Symposion Dürnstein 2024. In diesem Gastbeitrag stellte Christina Plank ihre Analyse zu alternativer und nachhaltiger Lebensmittelproduktion vor. Christina Plank musste krankheitsbedingt ihren Vortrag beim Symposion Dürnstein 2024 absagen, daher wurde stellvertretend ihr Expertenartikel hier publiziert.

che Bedingungen zwischen Ländern des Globalen Nordens und des Globalen Südens verstärken. Politische Forderungen, die es zum Ziel haben, die demokratische Kontrolle von Produktion, Konsum und Verteilung von Lebensmitteln voranzutreiben, werden nicht zuletzt durch soziale Bewegungen wie jener der Ernährungssouveränität [https://www.xn--ernhrungssouvernitt-iwbmd.at/] seit Jahrzehnten thematisiert.

Bild 1: Sojafeld in Argentinien, ©Robert Hafner: Monokulturen wie diese Sojafelder in Argentinien helfen dem Klima nicht.

Transformation fördern und fordern

Ansatzpunkte zur Transformation des Ernährungssystems finden sich in vielen Bereichen. So sind es neben unserer individuellen Ernährungsweise vor allem Gestaltungsspielräume auf politischer Ebene, die Transformation vorantreiben können. Ernährungspolitiken können hier dem sogenannten Silo-Denken, das einzelne Politikfelder streng getrennt voneinander behandelt, entgegenwirken. Konkret wird dies derzeit in der „Vom Hof auf den Tisch" [https://food.ec.europa.eu/horizontal-topics/farm-fork-strategy en] - Strategie auf Ebene der Europäischen Union in Zusammenarbeit mit den Nationalstaaten versucht, wobei die Themen Klima, Landwirtschaft, Gesundheit und Konsum miteinander verbunden werden. Beispielsweise geht es um die Versorgung mit ausreichenden und erschwinglichen Lebensmitteln, die Reduktion von Pestiziden und Düngemitteln und einen höheren Anteil an biologischer Landwirtschaft.

Auf lokaler und regionaler Ebene stellen alternative Lebensmittelnetzwerke wichtige Ankerpunkte für einen Wandel dar. Konkrete Alternativen, die auf saisonalem Konsum beruhen, gibt es weltweit: Agrarökologische Initiativen in Argentinien setzen sich für eine ressourcenschonende Anbauweise ein. In den Ländern Mitteleuropas wie Tschechien existiert seit Langem eine starke Tradition des Gärtnerns, die nicht an Beliebtheit verliert. In Österreich gibt es neben traditionellen Märkten, wo Bäuerinnen und Bauern direkt vermarkten, eine Vielzahl an neueren Entwicklungen wie zum Beispiel Foodcoops [https://foodcoops.at/] oder Ernährungsräte [https://ernaehrungsraete.org/], die sich gemeinsam für ein nachhaltiges Ernährungssystem einsetzen, oder die Entstehung eines demokratischen, genossenschaftlichen Mitmach-Supermarkts namens MILA [https://www.mila.wien/] in Wien.

Bild 2: Das österreichische Forum für Ernährungssouveränität, © ÖBV-Via Campesina Austria.

Alternative Lebensmittelnetzwerke unterstützen

Neben der Veränderung von Konsummustern ist es wichtig, das Ernährungssystem aktiv und nachhaltig mitzugestalten. Solidarische Landwirtschaften [https://link.springer.com/article/10.1007/sn614-020-00393-1], mit Ursprung unter anderem in der Schweiz, gestalten in diesem Sinne das Verhältnis zwischen Produzent*innen und Konsument*innen neu. Konsument*innen beteiligen sich direkt am landwirtschaftlichen Betrieb, teilen die Ernte, aber tragen auch gemeinsam das Risiko und unterstützen damit eine nachhaltige und gemeinschaftsorientierte Lebensmittelproduktion.

Bild 3: Bewirtschaftete Kleingärten in Tschechien, © Michaela Pixova.

Die Verwirklichung einer nachhaltigen Vision unseres Ernährungssystems erfordert in diesem Sinne eine umfassende Transformation, die die individuelle Anpassung unserer Essgewohnheiten, politische Reformen wie auch die gezielte Förderung von Alternativen umfasst. Gemeinsam können diese Maßnahmen die Grundlagen für eine gesunde und sozial-ökologisch verträgliche Zukunft schaffen. Welche Maßnahmen erachten Sie als wichtig am Weg zu einem nachhaltigen Ernährungssystem?

Illustrationen

Bild 1: Sojafeld in Argentinien, ©Robert Hafner: Monokulturen wie diese Sojafelder in Argentinien helfen dem Klima nicht.

Bild 2: Das österreichische Forum für Ernährungssouveränität, © ÖBV-Via Campesina Austria.

Bild 3: Bewirtschaftete Kleingärten in Tschechien, © Michaela Pixova.

CHRISTINA KOTTNIG

GUT, SAUBER UND FAIR VOM FELD AUF DEN TELLER: DIE SLOW FOOD-PERSPEKTIVE FÜR EINE NACHHALTIGE, KLIMAFITTE ZUKUNFT UNSERER ERNÄHRUNGS- UND ESSKULTUR.

Slow Food ist eine weltweite Bewegung. Sie wurde vor mehr als 35 Jahren in Italien von Carlo Petrini gegründet, mit dem Ziel, Bewusstsein für gute, saubere und faire Lebensmittel zu schaffen sowie regionale und traditionelle Ernährungs- und Esskulturen zu bewahren. Der achtsame Genuss von Lebensmitteln stand und steht bei Slow Food dabei immer im Mittelpunkt, denn Essen soll nicht nur satt machen, sondern schmecken und Freude bereiten.

Es ist gemeinhin bekannt, dass die Art und Weise, wie Lebensmittel derzeit produziert, verarbeitet, gehandelt und konsumiert werden, eine ursächliche Wirkung darauf hat, wie es unserem Klima geht. Ernährung ist nicht nur Ursache, sondern auch Chance für die Klimakrise. Ein nachhaltiges Ernährungssystem, das allen Menschen eine nachhaltige und gesunde Ernährung ermöglicht, wäre ein Lösungsansatz.

Im April 2023 veröffentlichte Slow Food International dazu den **Slow-Food-Ansatz für gute, saubere und faire Ernährungssysteme**.

Ausgangsbasis dafür sind zum einen der „One-Health-Ansatz", der besagt, dass die Gesundheit einer Bevölkerung niemals garantiert werden kann, ohne zugleich auch die Gesundheit der Pflanzen, Tiere und der Umwelt zu berücksichtigen (vgl. Coste / Wolff 2023: 6). „*Dies erfordert den Aufbau nachhaltiger Ernährungssysteme, deren Grundlange die Kultivierung und der Schutz der biologischen Vielfalt und lokaler verzehrbarer Sorten, gesunder Böden und einer klimafreundlichen Lebensmittelerzeugung sind* (Coste / Wolff 2023: 6)."

Zum anderen befürwortet Slow Food als zweites Fundament das Konzept der „Agrarökologie“, ein ganzheitlicher und integrierter Ansatz, der ökologische mit sozialen Prinzipien kombiniert und auf die Gestaltung und Verwaltung nachhaltiger Landwirtschafts- und Lebensmittelsysteme anwendet (vgl. Coste / Wolff 2023: 6).
Daraus ergeben sich sechs Dimensionen guter, sauberer und fairer Ernährungssysteme (vgl. Abbildung 1):

Abbildung 1: 6 Dimensionen guter, sauberer und fairer Ernährungssysteme
Quelle: Coste / Wolff 2023: 6

Der Begriff „gut“ vereint darin den Anspruch „gesund“ mit dem Anspruch „sozial und kulturell angemessen“. „*Nach Slow Foods Definition ist eine Ernährungsweise ‚gesund‘, die gut für die Gesundheit der Menschen ist und gleichzeitig Rücksicht auf den Planeten nimmt. Bevorzugt werden sollten eine breite Vielfalt an Lebensmitteln pflanzlichen Ursprungs, Vollwertprodukte, sowie möglichst gering verarbeitete Lebensmittel, die regional und lokal mit nachhaltigen Methoden hergestellt werden* (Coste / Wolff 2023: 7).“ Unter „sozial und kulturell angemessen“ fordert Slow Food den Zugang zu Lebensmitteln, die den soziokulturellen Bedürfnissen aller entsprechen. Sie sollen Ungleichheiten im Ernährungssystem vorbeugen und entgegenwirken sowie das soziale Gefüge städtischer und ländlicher Gemeinschaften stärken (vgl. Coste / Wolff 2023: 7). In einem nachhaltigen Ernährungssystem muss zudem die Verbindung zwischen den Konsumenten*innen und ihrer Esskultur wiederhergestellt und besser geschützt werden, denn Kultur ist und bleibt ein wesentlicher Faktor für die Ernährungsentscheidungen der Menschen (vgl. Coste / Wolff 2023: 7).

Der Begriff „sauber“ vereint den Anspruch „umweltfreundlich“ mit dem Anspruch „resilient“. „*Nachhaltige Ernährungssysteme tragen zur Gesundheit des Planeten bei, indem sie die planetaren Grenzen achten, d. h. die Umwelt, das Klima und die biologische und kulturelle Vielfalt respektieren* (Coste / Wolff 2023:8).“ Der Übergang von industrieller Landwirtschaft zur Agrarökologie ist aus Sicht von Slow Food ebenso notwendig wie eine drastische Reduzierung von Lebensmittelverschwendung und industrieller Tierhaltung. Nichtsdestotrotz sind Nutztiere Teil eines extensiven Kreislaufmodells, das dem Wohlbefinden des Tieres zuträglich ist, für gesündere Ökosysteme sorgt und weniger CO_2-Emissionen erzeugt (vgl. Coste / Wolff 2023: 8). „*Nachhaltige Ernährungssysteme sind resilient, das heißt, sie können sich Veränderungen anpassen und sich nach Störungen* *schneller erholen und auf nachhaltigere Ergebnisse ausrichten* (Coste / Wolff 2023: 8)." Biodiversität und das Wissen der lokalen Landwirt*innen sind ebenso resilienzfördernd wie lokale Ernährungssysteme und kurze Lieferketten (vgl. Coste / Wolff 2023: 8).

Der Begriff „fair" vereint den Anspruch „ethisch vertretbar" mit dem Anspruch „wirtschaftlich tragbar". „Ethisch vertretbar" ist ein Ernährungssystem für Slow Food, wenn es einerseits Werte wie Demokratie, Transparenz, Gleichberechtigung, Menschenrechte und Solidarität widerspiegelt und andererseits Ernährungsgerechtigkeit gewährleistet (vgl. Coste / Wolff 2023: 9). Zudem müssen Arbeitsbedingungen geschaffen werden, die den Menschen und seine Rechte respektieren sowie die wesentliche Rolle der Erzeuger*innen anerkennen und Systeme fördern, die den Tierschutz stärken (vgl. Coste / Wolff 2023: 9). Keinesfalls dürfen durch Ernährungssysteme Menschen in eine prekäre wirtschaftliche Lage gebracht oder die Ernährungssouveränität in anderen Regionen gefährdet werden (vgl. Coste / Wolff 2023: 9). Ethik spielt auch in den Beziehungen zwischen Produzent*innen und Konsument*innen eine Rolle, unter anderem in der Forderung nach einer transparenten Kennzeichnung und einer verantwortungsvollen Werbung, die eine selbstbestimmte Kaufentscheidung ermöglichen (vgl. Coste / Wolff 2023: 9). „Wirtschaftlich tragbare" Ernährungssysteme stellen sicher, dass Unternehmen im Lebensmittelbereich wirtschaftlich rentabel sind und zu einer gesünderen Wirtschaft beitragen, indem sie Arbeitsplätze schaffen, die ein ausreichendes Einkommen bieten, die Einkünfte der Beschäftigten landwirtschaftlicher und lebensmittelverarbeitender Betriebe erhöhen und für sicherere Arbeitsbedingungen sorgen (vgl. Coste / Wolff 2023: 9). „*Um Nachhaltigkeit und Diversität in den Ernährungssystemen zu stärken, sollten kurze Lebensmittelvertriebsketten mit einer überschaubaren Anzahl von Akteur*innen überwiegen, die sich für die lokale wirtschaftliche Entwicklung und soziale Beziehungen engagieren, und Kleinbetrieben sollte der Vorrang vor großen Lebensmittelkonzernen (‚big food') eingeräumt werden, z. B. indem ihnen der Marktzugang erleichtert wird. Regionale Kreisläufe sorgen dafür, dass die Wertschöpfung in der Region bleibt, und ermöglichen wahre und faire Preise sowohl für kleine Erzeuger*innen als auch für Verbraucher*innen* (Coste / Wolff 2023: 9)."

Slow Food bietet mit seinen Prinzipien also eine Lösung für ein zukunftsfähiges Ernährungssystem. Nur zusammen ergeben die drei postulierten Kriterien „gut, sauber und fair" ein Ganzes. Denn wie Carlo Petrini nie müde wurde zu betonen: „*Vor jedem Akt des Essens steht ein Akt der Landwirtschaft.*"

Aktuell ist die Debatte um Klima und Ernährung von der Forderung nach Verzicht dominiert. Aber worauf muss eigentlich verzichtet werden? Auf hochverarbeitete, industriell hergestellte Lebensmittel, auf Lebensmittel, die unter Ausbeutung von Mensch, Tier und Umwelt produziert werden, auf globalen Einheitsgeschmack, auf eine scheinbare Vielfalt, die in Wahrheit keine ist (vgl. Hudson 2019, 18).

Aber darauf zu verzichten ist in Wahrheit ein Zugewinn. Ein Zugewinn an Lebensmitteln, die unsere fünf Sinne stimulieren und erfreuen (vgl. Hudson 2019, 18). Wir dürfen eine Vielfalt an Sorten und Rassen sowie an Geschmacksnuancen und -tiefen wiederentdecken (vgl. Hudson 2019, 18). Wir dürfen lernen, dass unsere gesamte Nahrung – und sei sie noch so hochverarbeitet – immer aus dem Boden kommt und dass es ohne einen lebendigen, humusreichen Boden keine Zukunft für uns alle gibt. Wir erleben ein neues Gefühl der Beziehung, wenn wir die Menschen kennen, die unsere Lebensmittel erzeugen und dabei die Natur schützen (vgl. Hudson 2019, 18). Und wir gewinnen Souveränität, weil wir die Verantwortung für das, was wir essen, wieder übernehmen, statt sie wenigen Lebensmittelkonzernen zu überlassen (vgl. Hudson 2019, 18). Durch eine Reihe von bewusstseinsbildenden Maßnahmen wollen wir Slow-Food-Verbraucher*innen – wir bezeichnen sie gerne als Ko-Produzenten*innen – dazu motivieren, eine aktivere Rolle im Lebensmittelproduktionsprozess einzunehmen und gemeinsam mit uns zu einer nachhaltigen Ernährungswende beizutragen.

Es ist wichtig, dass wir uns bewusst machen, dass wir mit keiner anderen Alltagshandlung die Welt mehr beeinflussen als mit den rund 80.000 Mahlzeiten, die wir im Laufe unseres Lebens durchschnittlich zu uns nehmen. *Wie und womit wir uns (er-)nähren, hat nicht nur Auswirkungen auf unseren Genuss und unsere Gesundheit, sondern auch auf Landwirtschaft, Klima, Wirtschaft, Politik, Umwelt, Kulturlandschaften und nicht zuletzt auf unsere Identität* (Slow Food Deutschland, 2023).

Illustrationen

Abbildung 1: Coste Madeleine / Wolff Nina (2023): Ein Slow-Food-Ansatz für gute, saubere und faire Ernährungssysteme in der EU, April 2023, https://www.slowfood.de/was-wir-tun/ernaehrungswende/agrarpolitik/slow_food_positionen/sfs-law-pp-de_komprimiert.pdf, letzter Zugriff: 11.03.2024.

Literatur

Coste Madeleine / Wolff Nina (2023): Ein Slow-Food-Ansatz für gute, saubere und faire Ernährungssysteme in der EU, April 2023, https://www.slowfood.de/was-wir-tun/ernaehrungswende/agrarpolitik/slow_food_positionen/sfs-law-pp-de_komprimiert.pdf, letzter Zugriff: 11.03.2024.

Hudson, Ursula (2019): Der Genuss am Klimaschutz, in: Slow Food Magazin 05 / 2019, 18.

Slow Food Deutschland (2023): Unsere Philosophie, https://www.slowfood.de/wer-wir-sind/unsere-philosophie, letzter Zugriff: 11.03.2024

HANNI RÜTZLER
WOLFGANG REITER

SEPARATE THE SIGNAL FROM NOISE

Was Trendforschung leistet und wie man mithilfe von Food-Trends durch turbulente Zeiten navigiert[11]

WIEN. Food-Trends sind in den vergangenen zehn Jahren zum Basis-Tool vieler Akteur*innen in der Lebensmittelwirtschaft geworden: in den Vorstandsbüros ebenso wie in den Produktentwicklungs- und Innovationsabteilungen, bei internationalen Konzernen, mittelständischen Betrieben und Start-ups, in der Gastronomie und auch bei engagierten Landwirt*innen. Und natürlich in den jeweiligen Marketingabteilungen und Agenturen, die Unternehmen bei PR- und Werbeaktionen beraten. Das zeigt, dass die Food-Branchen verstärkt nach geeigneten Fahrplänen für die Zukunft suchen, nach Navigationshilfen oder zumindest nach Orientierungskarten, um den für sie passenden Weg in einem immer komplexeren Umfeld zu finden.

Was aber macht Food-Trends zu brauchbaren Instrumenten, um den gesellschaftlichen Wandel zu verstehen und die richtigen unternehmerischen Entscheidungen zu treffen? Dafür ist es zunächst wichtig zu wissen, dass sich unser Verständnis von Trends von positivistischen, statistisch begründeten Trend-Definitionen unterscheidet, wie sie in der Ökonomie und Marktforschung üblich sind, wo man unter einem Trend eine sich fortdauernd in die gleiche Richtung verändernde Entwicklung versteht, die sich quantitativ messen lässt. Unser Zugang dagegen lässt sich eher als hermeneutisch beschreiben: Auch uns interessiert nicht nur, was sich wie entwickelt, sondern vor allem warum. Dieses Warum aber lässt sich nicht mit statistischen Methoden erheben und messen. Es lässt sich nur verstehen.

Trendforschung ist keine Phänomenologie des Neuen
Trendforschung besteht im Wesentlichen darin, „schwache Signale", die am Beginn jeder Trendentwicklung stehen, zu erkennen, sie vom medialen Rauschen, das in allem Neuen gleich einen Trend vermutet, zu unterscheiden, darin soziokulturelle Verschiebungen zu lesen und sie in einen übergreifenden Kontext einzuordnen. Das heißt, Trendforschung ist im Kern eine Kulturwissenschaft. Sie ist keine „Phänomenologie des

11 https://www.futurefoodstudio.at/separate-the-signal-from-the-noise/

Neuen", die nur einzelne Produkte und Innovationen beschreibt, sondern sie ist den Ursachen von Veränderungsprozessen auf der Spur.

Food-Trend-Map

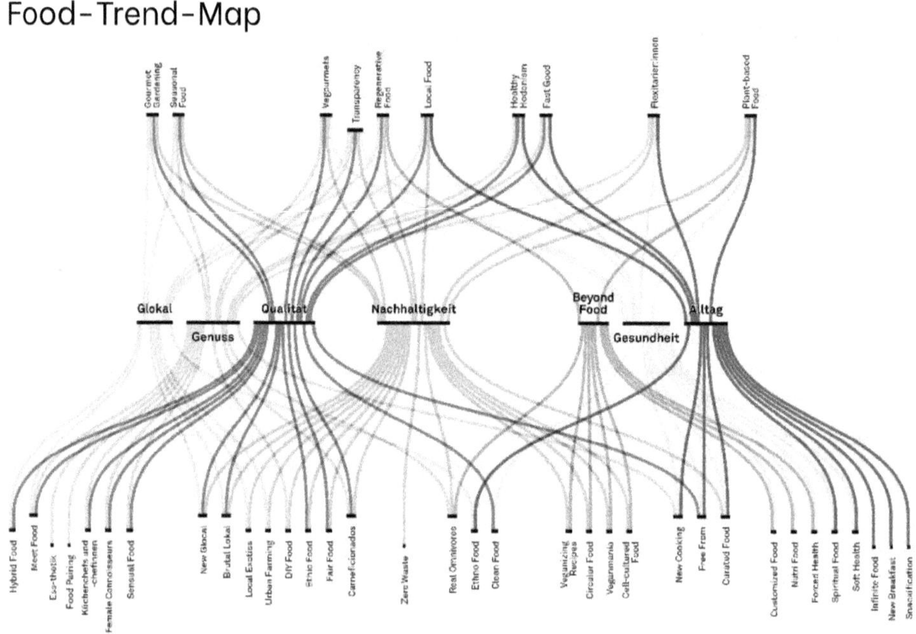

Abb. 1: Food-Trend-Map. Quelle: Food-Trend-Map, „Zukunftsinstitut (Hrsg.) (2024): Hanni Rützler: Foodreport 2025".

Die neue Food-Trend-Map bündelt die vielen Trends nach thematischen Clustern. So sollen auch die komplexen Zusammenhänge, Parallelen und wechselseitigen Beeinflussungen besser ersichtlich werden.

> *„Foodtrends sind nicht gleichbedeutend mit statistischen Entwicklungstendenzen, die sich einfach deskriptiv benennen lassen."*

Um diese Veränderungen zu identifizieren und einzuordnen, bedarf es nicht nur des konsequenten Monitorings bestimmter Zeichen, nicht nur des regelmäßigen Austausches mit Akteuren entlang der ganzen Lebensmittelkette, der Analyse von Marktentwicklungen, Konsumstatistiken und Meinungsumfragen, sondern auch Recherchen in der Start-up-Szene und bei universitären Einrichtungen sowie Metaanalysen branchenspezifischer Trendreports. Da der überwiegende Teil jener Reports auf Auftragsstudien von Unternehmen in der Produktion und im Handel (inkl. Lieferservices) sowie nationaler Marketingagenturen, Konsumentenschutzvereinen, Verbraucherzentralen oder Lobby- und Consulting-Organisationen beruht, bedürfen diese Analysen stets einer kritischen Lektüre.

„Naming“ verleiht Trends die nötige Sichtbarkeit
Entscheidend für die Qualität der Trendforschung ist darüber hinaus die richtige Verknüpfung isolierter Trendbeobachtungen und Datenerhebungen: sich abzeichnende Veränderungen einzuordnen und diese mitunter auch gegen die öffentliche Wahrnehmung anders zu justieren. Und nicht zuletzt bedarf es auch des „Naming“, des Benennens von spezifischen Trends, das den Entwicklungen erst Sichtbarkeit verleiht. Wenn es für ein Phänomen einen Begriff gibt, kann darüber auch gesprochen werden. Trendforschung ist damit im Kern auch eine Übersetzungsleistung – von der Gesellschaft in die Wirtschaft. Denn erst wenn Unternehmen den gesellschaftlichen Wandel verstehen und wie dieser in den Food-Trends zum Ausdruck kommt, können sie diese auch erfolgreich als Tools für sich nutzen.

Die Food-Trend-Map: Durchblick trotz Vielfalt
Auf den ersten Blick mag die Vielfalt der von uns identifizierten und beschriebenen Trends ein handlungsleitendes Verständnis erschweren. Aus einer Metaperspektive betrachtet, lassen sich in der Trendvielfalt dennoch thematische Schwerpunkte erkennen. Diese machen wir in unserer Food-Trend-Map durch entsprechende Cluster besser sichtbar. Bildlich gesprochen: Die Cluster sind die Hauptverkehrswege, auf denen sich Unternehmen bewegen können, um zukunftsfitte Entscheidungen zu treffen, ihre Produkte und Serviceleistungen in einem größeren Ganzen zu verorten, die eigenen Entwicklungsprozesse zu reflektieren und neue strategische Schwerpunkte zu setzen.

> *„An welchen der Foodtrends man sich als Unternehmer:in erfolgreich orientieren kann, hängt vom eigenen ‚inneren Antrieb‘ ab.“*

Richtig anwenden lassen sich Food-Trends allerdings nur, wenn man den eigenen Antrieb und die Werte kennt, für die das Unternehmen steht oder die man – auch angesichts der aktuellen Krisen – neu definieren möchte. Erst dann macht es Sinn, sich mit der bewegten Außenwelt auseinanderzusetzen, die sich für die Nahrungsmittel- und Gastronomie-Branche inkl. Handel und Landwirtschaft in den Foodtrends spiegelt. Denn es ist der eigene Antrieb, der Erdung gibt und auf dessen Basis die nicht bloß oberflächliche Beschäftigung mit Foodtrends für unternehmerische Entscheidungen sinnvoll und erfolgversprechend ist. Erst auf dieser Basis können aus der Vielfalt der Trends jene gewählt werden, die für das jeweilige Unternehmen brauchbare Pfade in die Zukunft weisen.

Mehr über die Rolle von Food-Trends und die Bedeutung der Trendforschung für die Food-Branche finden Sie im aktuellen Foodtrend-Glossar[12].

---

12 https://shop.zukunftsinstitut.de/Food-Trend-Glossar-p525217462

Illustrationen

Abbildung 1: Food-Trend-Map. Quelle: Food-Trend-Map, „Zukunftsinstitut (Hrsg.) (2024): Hanni Rützler: Foodreport 2025“.

FLORIAN TSCHANDL

KLIMAWANDEL UND LEBENSMITTELSICHERHEIT – DIE AGES ALS PARTNERIN VOM ACKER BIS ZUM TELLER

1. Klimawandel und seine Auswirkungen auf die Lebensmittelsicherheit

Der Klimawandel hat weitreichende Folgen für die Primärproduktion und beeinflusst sowohl die Ernährungssicherung als auch die Lebensmittelsicherheit. Die Rahmenbedingungen unserer Lebensmittelproduktion verändern sich stetig – nicht nur der Klimawandel, sondern auch der Verlust von Boden und Biodiversität erfordern einen gesellschaftlichen Wandel hin zu einer nachhaltigeren Lebensmittelproduktion und -konsumation. Zwei konkrete Beispiele aus der Praxis sollen dies verdeutlichen:

Der Klimawandel begünstigt das Auftreten von bestehenden, aber auch gänzlich neuen Schaderregern. Milde Winter ermöglichen die Etablierung von neuen Schadinsekten und längere Vegetationsperioden führen zu mehr Reproduktionszyklen. Diese Faktoren führen zu einem breiteren und veränderten Spektrum von Schadinsekten und Vektoren – ein bekanntes Beispiel ist hier das vermehrte Auftreten der Grünen Reiswanze *(Nezara viridula)*. Die Grüne Reiswanze befällt hauptsächlich Hülsenfrüchte, aber auch zahlreiche Gemüse-, Obst- und Ackerkulturen sowie Ziergehölze und - pflanzen. Sie verursacht Saugschäden, wodurch es zu Fleckenbildung, Verkorkungen und Deformationen bei den Pflanzen kommt. Früchte werden unansehnlich, können vorzeitig abfallen und sind so nicht mehr vermarktungsfähig. Ein Befall durch die Grüne Reiswanze wirkt sich somit sowohl qualitativ als auch quantitativ auf den Ertrag aus und hat einen negativen Einfluss auf unsere Ernährungssicherung. (Agentur für Gesundheit und Ernährungssicherheit GmbH, 2024a)

Ein weiteres Beispiel, welches direkt unsere Lebensmittelsicherheit negativ beeinflusst, ist der gemeine Stechapfel *(Datura stramonium)*. Als Wärmekeimer läuft der Gemeine Stechapfel relativ spät auf und ist daher auf Äckern besonders in sommereinjährigen Kulturen u.a. bei Mais, Sojabohne, Kartoffel, Sonnenblume, Hirse, aber auch in Feldgemüse zu finden. Der Gemeine Stechapfel kann eine enorme Konkurrenzkraft entfalten und so für hohe Ertrags- und Qualitätseinbußen sorgen. Besonders problematisch ist, dass die gesamte Pflanze sehr giftig ist aufgrund der in ihr enthaltenen organischen Verbindungen namens Tropanalkaloide. Verunreinigungen entstehen auch dann, wenn Samen mit Pflanzenteilen und Pflanzensäften des Stechapfels während der Ernte in Kontakt kommen. Relativ geringe Mengen dieser Alkaloide können bei der Aufnahme mit der Nahrung zu Vergiftungen (Sinnestäuschungen, Übelkeit, Benommenheit, Atemlähmung) bei Mensch und Tier führen. (Agentur für Gesundheit und Ernährungssicherheit GmbH, 2024b)

2.
Ganzheitliche Betrachtung und Rolle der AGES

Die bestehenden Zusammenhänge und komplexen Wechselwirkungen zwischen dem Klimawandel und unseren Lebensmitteln erfordern zunehmend eine ganzheitliche, interdisziplinäre Betrachtung. Dabei erweist sich die Österreichische Agentur für Gesundheit und Ernährungssicherheit (AGES) als starke Partnerin vom Acker bis zum Teller. Die AGES wurde im Jahr 2002 auf Basis des Gesundheits- und Ernährungssicherheitsgesetzes (BGBl. I Nr. 63/2002) errichtet und bündelte damit das Know-how von damals 18 Bundesanstalten. Heute umfasst die AGES 10 Standorte in 6 Städten sowie 8 landwirtschaftliche Versuchsstationen quer durch Österreich. Eigentümer der AGES ist die Republik Österreich, vertreten durch das Bundesministerium für Soziales, Gesundheit, Pflege und Konsumentenschutz (BMSGPK) und das Bundesministerium für Land- und Forstwirtschaft, Regionen und Wasserwirtschaft (BML).

Besonders erwähnenswert ist die breitgefächerte Expertise in der AGES, diverse Disziplinen spiegeln sich in den 6 strategischen Geschäftsfeldern wider:

- Lebensmittelsicherheit
- Tiergesundheit
- Ernährungssicherung
- Öffentliche Gesundheit
- Medizinmarktaufsicht
- Strahlenschutz

Aufgrund der zahlreichen horizontalen Themenstellungen entlang der gesamten Lebensmittelkette wurde zwecks effizienter und interdisziplinärer Koordinierung im Rahmen einer der letzten Novellierungen des Gründungsgesetzes der AGES daher die Einrichtung eines Lebensmittelkompetenzzentrums in der AGES gesetzlich normiert, welches Anfang 2022 seinen Betrieb aufgenommen hat.

3. Nachhaltige Lebensmittelsysteme

Um schrittweise zu nachhaltigeren Produktions-, aber auch Konsummustern zu führen, muss das Lebensmittel- und Ernährungssystem ganzheitlich betrachtet werden. Dabei müssen alle drei Dimensionen der Nachhaltigkeit berücksichtigt werden, also soziale, ökologische und ökonomische Aspekte. Mit dieser ganzheitlichen Betrachtung des gesamten „*Food Systems*" beschäftigen sich auch renommierte einschlägige Universitäten, wie beispielsweise die Wageningen Universität, sehr intensiv (Wageningen University & Research, 2024).

Auch die europäische Kommission ordnet die Herausforderungen auf dem Weg zu einem nachhaltigeren Lebensmittel- und Ernährungssystem in Europa den drei Dimensionen der Nachhaltigkeit zu. Um ein faires, gesundes und umweltfreundliches System zu schaffen, hat die EU-Kommission im Jahr 2020 ihre zentrale Transformationsstrategie „Vom Hof auf den Tisch" präsentiert („*Farm-to-Fork-Strategie*", „*F2F-Strategie*"). Im Rahmen des europäischen Green Deals wurden mit der F2F-Strategie 27 Maßnahmenpakete für die Transformation hin zu einem nachhaltigeren Lebensmittel- und Ernährungssystem vorgeschlagen. Diese Maßnahmen decken ein breites Themenspektrum ab und erfordern die Beteiligung und Koordination verschiedenster Akteure auf europäischer Ebene sowie in den Mitgliedsstaaten. Unter den Maßnahmen sind sowohl legislative als auch nicht-legislative Initiativen zu finden. (Europäische Kommission, 2020)

Vier Jahre nach der Veröffentlichung der F2F-Strategie kann eine erste Zwischenbilanz gezogen werden, und es ist klar ersichtlich, dass sich die einzelnen Initiativen in unterschiedlichem Tempo entwickelten. Während einige Initiativen bereits umgesetzt wurden, lassen andere ursprünglich erwartete Vorschläge weiter auf sich warten, stehen nach wie vor in Diskussion oder wurden teilweise sogar schon zurückgezogen. (European Parliamentary Research Service Authors, 2024)

Aufgrund der stetig zunehmenden Bedeutung von Themenstellungen in Zusammenhang mit der Nachhaltigkeit wurde darüber hinaus Anfang 2023 eine eigene Servicestelle für nachhaltige Lebensmittel- und Ernährungssysteme gegründet und ins Lebensmittelkompetenzzentrum eingebettet. Diese Servicestelle unterstützt und berät das Bundesministerium für Klimaschutz, Umwelt, Energie, Mobilität, Innovation und Technologie, das Bundesministerium für Land- und Forstwirtschaft, Regionen und Wasserwirtschaft und das Bundesministerium für Soziales, Gesundheit, Pflege und Konsumentenschutz bei der Förderung eines nachhaltigen Lebensmittel- und Ernährungssystems in Österreich. Zu den durch die Servicestelle angebotenen Unterstützungsleistungen für die Ministerien gehören unter anderem die Durchführung einer Systemanalyse des österreichischen Lebensmittel- und Ernährungssystems, die Beobachtung und Berichterstattung zu aktuellen rechtlichen, politischen, wirtschaftlichen, wissenschaftlichen und zivilgesellschaftlichen Entwicklungen, die Vernetzung von einschlägigen Fachexpert*innen innerhalb der AGES und darüber hinaus der aktive Wissensaufbau sowie die Wissensvermittlung zu Nachhaltigkeitsthemen. All diese Tätigkeiten dienen nicht zuletzt auch der Vorbereitung auf kommende EU-Vorschriften, wobei durch die frühzeitige Erarbeitung von ganzheitlichen Übersichten interministerielle Entscheidungsgrundlagen für EU-Rechtsetzungsverfahren entwickelt werden sollen.

Die Servicestelle befasst sich damit auch mit der Analyse der Auswirkungen, Einwirkungen und Wechselwirkungen des Lebensmittel- und Ernährungssystems. Die Art und Weise, wie unsere Lebensmittel produziert werden, steht in engem Kontext mit den nachhaltigen Entwicklungszielen *(sustainable development goals).* Große Teile der globalen Treibhausgasemissionen, Energie-, Land- und Grundwassernutzung sind auf den Agrarsektor zurückzuführen - darüber hinaus stehen große Teile der globalen Entwaldung und des Biodiversitätsverlusts mit der Lebensmittelproduktion im Zusammenhang (United Nations Convention to Combat Desertification, 2022). Das bevorstehende Bevölkerungswachstum würde bei den bestehenden Produktionsmethoden eine massive Steigerung des aktuellen globalen Produktionsvolumens erfordern. Maßnahmen für eine nachhaltigere Zukunft sollten schrittweise das bestehende System transformieren, es muss also neben der Produktionseffizienz auch über Ressourcenschonung und -umverteilung nachgedacht werden.

Dabei spielt nicht nur die Art und Weise, wie Lebensmittel produziert werden, eine Rolle, sondern auch bestehende Konsummuster und Ernährungsgewohnheiten. Der sogenannte *Scientific Advice Mechanism* der Europäischen Kommission empfiehlt eine Kombination politischer Maßnahmen zur Überwindung der Hindernisse, welche die Verbraucher*innen derzeit noch davon abhalten, sich gesünder und nachhaltiger zu ernähren (Europäische Kommission, 2023). Bisher lag der Schwerpunkt der EU-Politik darauf, den Verbraucher*innen mehr Informationen zu geben. Doch das reicht nicht aus, vielmehr geht es darum, durch die Schaffung geeigneter Rahmenbedingungen aktiv ein nachhaltiges Lebensmittelumfeld zu gestalten. Menschen entscheiden sich für Lebensmittel nicht nur aufgrund rationaler Überlegungen, sondern auch aufgrund vieler anderer Faktoren, wie die Verfügbarkeit von Lebensmitteln, Gewohnheiten und Routinen, emotionale und impulsive Reaktionen sowie ihrer finanziellen und sozialen Situation. Es muss also überlegt werden, wie Verbraucher*innen entlastet und nachhaltige, gesunde Lebensmittel zu einer einfachen und leistbaren Wahl gemacht werden könnten. Dazu wird es eine Mischung aus Anreizen, Informationen und verbindlichen politischen Maßnahmen brauchen, die alle Aspekte der Lebensmittelumfelder steuern. Die Politik und Verwaltung sollte also alle Umgebungen, wo Lebensmittel gewonnen, gegessen und diskutiert werden, miteinbeziehen. Dieses Umfeld ist vielfältig und umfasst Geschäfte (inkl. Ab-Hof-Verkauf), Restaurants, Wohnungen, Schulen und Arbeitsplätze, aber auch Eigenproduktion sowie digitale Medien. Die Servicestelle führt derzeit einige Aktivitäten zum Themenschwerpunkt Lebensmittelumfeld durch, welche mitunter auch darauf abzielen, durch partizipative Prozesse die Wünsche und Herausforderungen der österreichischen Zivilgesellschaft zu identifizieren und besser zu verstehen.

Die AGES befasst sich also folglich intensiv mit Themen der Lebensmittelproduktion, -weiterverarbeitung, -distribution, -konsumation und -verschwendung und deckt mit dieser ganzheitlichen Betrachtung und Analyse das gesamte Lebensmittel- und Ernährungssystem ab. Verbraucher*innen werden dabei über neue Risikothemen aufgeklärt und die Gesundheit von Mensch, Tier, Pflanze und Umwelt wird gefördert.

Literatur

Agentur für Gesundheit und Ernährungssicherheit GmbH, 2024a, https://www.ages.at/pflanze/pflanzengesundheit/schaderreger-von-a-bis-z/gruene-reiswanze, zuletzt abgerufen am 11.3.2024.

Agentur für Gesundheit und Ernährungssicherheit GmbH, 2024b, https://www.ages.at/pflanze/pflanzengesundheit/schaderreger-von-a-bis-z/gemeiner-stechapfel, zuletzt abgerufen am 11.3.2024.

Europäische Kommission, Directorate-General for Research and Innovation, Group of Chief Scientific Advisors (2023), Towards sustainable food consumption: promoting healthy, affordable and sustainable food consumption choices, Brussels: Publications Office of the European Union.

Europäische Kommission, Mitteilung der EU Kommission an das Europäische Parlament, den Rat, den Europäischen Wirtschafts- und Sozialausschuss und den Ausschuss der Regionen, „Vom Hof auf den Tisch“ – eine Strategie für ein faires, gesundes und umweltfreundliches Lebensmittelsystem, COM (2020) 381 final.

European Parliamentary Research Service Authors, Rachele Rossi and Nikolina Šajn, Members' Research Service PE 690.622, Februar 2024.

United Nations Convention to Combat Desertification, 2022. The Global Land Outlook, second edition. UNCCD, Bonn.

Wageningen University & Research, September 2020, https://www.wur.nl/en/themes/from-hunger-to-food-security/food-systems.htm, zuletzt abgerufen am 11.3.2024.

CHRISTIAN PRAUCHNER

NOCH NIE GAB ES IM LEBENSMITTELHANDEL EINE SO HOHE LEBENSMITTELSICHERHEIT FÜR KONSUMENTEN

Nicht nur in meiner Funktion als Obmann des Lebensmittelhandels, sondern vor allem als selbstständiger Nahversorger liegt es mir am Herzen, die positive Entwicklung der Lebensmittelsicherheit in den letzten Jahren aufzuzeigen.

Der einzige Anknüpfungspunkt der Verbraucher mit dieser Thematik sind in der Regel Informationen über aufgetretene Probleme. Welcher umfangreiche Einsatz von zahlreichen Akteuren täglich geleistet wird, um die Sicherheit von Lebensmitteln zu gewährleisten, bleibt ihnen meist verborgen. Diese Bemühungen erfolgen im Hintergrund, ohne direkte Kommunikation oder Werbung an die Endverbraucher, da Lebensmittelsicherheit als selbstverständlich angesehen wird.

Österreich gilt im internationalen Vergleich als Vorreiter mit sehr hohen Sicherheitsstandards im Lebensmittelbereich. Bereits in der Produktionsphase müssen Lebensmittel zahlreiche Sicherheitsmaßnahmen und -prüfungen durchlaufen, die kontinuierlich gemäß dem aktuellen Stand der Wissenschaft aktualisiert werden. Qualitätsmanager der Lebensmittelhandelsunternehmen nehmen regelmäßig an Schulungen teil, um stets auf dem neuesten Stand zu sein. Die Handelsunternehmen fordern von den Produzenten häufig sogar weit strengere Maßnahmen ein, als gesetzlich vorgeschrieben sind, und überprüfen deren Einhaltung. Eigene Qualitätsmanagementsysteme stellen sicher, dass alle Lebensmittel den höchsten Anforderungen entsprechen und ständig kontrolliert werden.

Auch nach der Inverkehrbringung gibt es zahlreiche Sicherheitsmechanismen, die sich in den letzten Jahren stetig verbessert haben. Frühwarnsysteme und Informationsverknüpfungen funktionieren heute so effizient, dass problematische Artikel oft gar nicht erst in den Verkauf gelangen. Verdachtsmomente führen bereits zur Rücknahme von Produkten, und die digitale Unterstützung erleichtert auch die Rückverfolgung von Waren erheblich.

Für den Lebensmittelhandel bestehen umfangreiche Sicherheitsvorschriften, und die Waren durchlaufen zahlreiche Kontrollen, bevor sie verkauft werden dürfen. Anders verhält es sich mitunter beim Kauf vom benachbarten Bauern im Wege der Direktvermarktung. Hier liegt die „Quote des Vertrauens“ häufig über der “Quote des tatsächlichen Wissens“. Dies bedeutet natürlich nicht zwangsläufig, dass die Qualität der Waren minderwertig ist; auch wir beziehen unsere Produkte von lokalen Landwirten. Es sollte jedoch nicht als selbstverständlich angesehen werden, wie streng im Lebensmittelhandel kontrolliert wird. Tatsächlich hat die Einführung bestimmter Hygienemaßnahmen für Bauern sogar zu einem Rückgang der Produktion geführt, da der damit verbundene Aufwand als zu hoch empfunden wurde.

Trotz der Vielzahl von Kontrollen und Sicherheitsmaßnahmen werden Fehler manchmal erst dann erkannt, wenn sie bereits aufgetreten sind. Die rasche Verbreitung von Nachrichten über Fehler funktioniert heutzutage bereits ausgezeichnet, und durch das engmaschige Kontrollsystem werden Fehler in der Regel entdeckt, bevor Schaden entsteht.

Zum Abschluss möchte ich auf das Ergebnis einer Schwerpunktaktion des BMSGPK aus dem Jahr 2023 verweisen, die die Sicherheit von durch Hitze haltbar gemachten Lebensmitteln in dicht schließenden Behältern untersuchte. Diese Aktion richtete sich an Lebensmittelhändler mit angeschlossener Gastronomie, Gastronomiebetriebe sowie kleinere Gewerbetreibende. Der Zweck der Kontrolle war die Überprüfung der mikrobiologischen Sicherheit von Fertiggerichten mit einem Mindesthaltbarkeitsdatum von mehreren Wochen sowie die Einhaltung der Kennzeichnungsvorschriften. Von 86 Proben war nur eine Probe für den bestimmungsgemäßen Gebrauch ungeeignet, jedoch wurden bei 57 Proben Verstöße gegen die Kennzeichnungsvorschriften festgestellt. Dieses Beispiel verdeutlicht, dass wir im Bereich Lebensmittelsicherheit bereits sehr gut aufgestellt sind, wir aber dennoch kontinuierlich nach Möglichkeiten zur Weiterentwicklung suchen sollten.

LISA KERNEGGER
HEIDI PORSTNER

AUFGETISCHT? – DIE WERBESCHMÄHS UND WAS DAHINTER STECKT.

Im Lebensmittelbereich liegt einiges im Argen: Überteuerte Preise, Etikettenschwindel und irreführende Werbeversprechen erschweren Konsument*innen das Einkaufen. Sowohl das EU-Lebensmittelrecht[13] als auch das österreichische Lebensmittelrecht[14] besagen: Konsument*innen dürfen weder durch Werbung noch durch die Aufmachung von Produkten in die Irre geführt werden. Die Realität sieht jedoch viel zu oft anders aus.

Die Lebensmittelindustrie ist erfinderisch, wenn es darum geht, ihre Produkte besonders gut dastehen zu lassen. Oft wecken Hersteller mit ihren Werbeversprechen Erwartungen, die so nicht erfüllt werden. Und manches ist einfach ein dreister Werbeschmäh. Das will foodwatch so nicht hinnehmen.

Daher kürt foodwatch Österreich jeden Monat den Werbeschmäh des Monats. Aus zahlreichen Produkten, die Konsument*innen mit ihrer Aufmachung oder ihrem Marketing in die Irre führen können, wird monatlich das ärgerlichste ausgewählt. Jedes Jahr Ende November werden Konsument*innen aufgerufen, für den Werbeschmäh des Jahres abzustimmen. Der Hersteller des „Gewinner Produkts“ bekommt von foodwatch Österreich eine Urkunde überreicht.

Werbeschmäh des Monats – Produktbeispiele:

Alle Angaben zu den Produkten beziehen sich auf den Zeitpunkt der jeweiligen Veröffentlichung durch foodwatch. Mögliche Produktänderungen nach diesem Zeitpunkt konnten hier nicht berücksichtigt werden.

- **Kräuterbutter-Chips ohne Kräuterbutter:** Die Verpackung lockt mit einer Abbildung von Kräuterbutter. Unter dem Markennamen prangt groß die Aufschrift „Kräuterbutter“. All das lässt Konsument*innen erwarten, dass der Hersteller Kräuterbutter als Zutat verwendet. Kräuterbutter sucht man bei diesen Chips allerdings vergeblich. Lediglich nicht näher definierte Aromen stehen in der Zutatenliste.

---

13 https://eur-lex.europa.eu/legal-content/de/ALL/?uri=CELEX%3A32002R0178

14 https://www.ris.bka.gv.at/GeltendeFassung.wxe?Abfrage=Bundesnormen&Gesetzesnummer=20004546

foodwatch fordert: Wenn so offensiv mit einem Produktnamen und Abbildungen auf der Verpackung geworben wird, soll die beworbene Zutat auch enthalten sein. Aroma allein genügt nicht. Konsument*innen dürfen bei dieser Aufmachung etwas anderes erwarten und können sich in die Irre geführt fühlen.

Abbildung 1: Werbeschmäh Jänner 2024 ©: Ronald Talasz/foodwatch.

- **„Traditions Stollen" mit Palmöl:** Die Aufmachung und die Bezeichnung des "Traditions Stollen" von Ölz lassen ein weihnachtliches Gebäck nach traditioneller Rezeptur erwarten. Im Produkt befinden sich aber Zutaten, die wohl wenig mit Tradition zu tun haben: Palmöl hat nichts in einer typischen Weihnachtsbäckerei zu suchen. Auch Feuchthaltemittel oder Guarkernmehl haben mit einer traditionellen Rezeptur wenig zu tun.
  foodwatch fordert: Wer Tradition verspricht, soll auch Tradition liefern.

Abbildung 2: Werbeschmäh November 2023 ©: Ronald Talasz/foodwatch.

- **Heinz Ketchup – die umweltfreundliche Flasche?** Das Etikett ist grün gehalten und mit dem Hinweis „100% Recyclable Bottle“ versehen. Auf den ersten Blick könnte man denken, dass es sich hierbei um ein besonders umweltfreundliches Produkt handelt. Das Heinz Ketchup ist in Wahrheit jedocheinfach ein normales Tomaten Ketchup in einer normalen Plastikflasche, wie es viele andere Marken auch anbieten.
  foodwatch fordert: Wer sich einen „Grünen Anstrich“ gibt, muss auch einen echten Beitrag zum Umweltschutz leisten und diesen genau benennen.

Abbildung 3: Werbeschmäh Oktober 2023 ©: Ronald Talasz/foodwatch.

- **NÖM – Proteinprodukte voller Zusatzstoffe für „innere Kraft“?** Das Molkerei-Unternehmen verspricht, mit seinem High-Protein-Pudding „für mehr innere Kraft“ zu sorgen. Und das mit einem Produkt, in dem gleich mehrere Zusatzstoffe stecken. Pudding essen und zu innerer Kraft kommen?
  foodwatch Österreich hält dieses Werbeversprechen für absurd und **fordert:** Stark verarbeitete High-Protein-Produkte sollen nicht mit wohlklingenden Life-Style-Versprechen beworben werden dürfen.

Abbildung 4: Werbeschmäh März 2023 ©: Ronald Talasz/ foodwatch.

- **Beauty Sweeties Fruchtgummi Häschen voller Zusatzstoffe - „Natur pur"?** Auf der Vorderseite der Verpackung wirbt das Produkt groß mit „Natur pur". Doch die Zutatenliste auf der Rückseite zeigt: Die Häschen sind voller Zusatzstoffe. Natur pur? Nicht wirklich! Natürlichkeitsversprechen sind wohl für viele ein Kaufargument. Doch wir Konsument*innen erwarten uns da etwas anderes!
  foodwatch fordert: Es muss klare gesetzliche Regelungen geben, wann Hersteller ihre Produkte mit Begriffen bewerben, die „Natürlichkeit", „Natur pur" oder „natürliche Zutaten" versprechen. Für Produkte voller Zusatzstoffe ist das ein No-Go.

Abbildung 5: Werbeschmäh Juli 2022 ©:Ronald Talasz/ foodwatch.

Werbeschmäh des Jahres

Der Werbeschmäh des Jahres 2023 ging an das Bad Ischler Nudelsalz. Das Unternehmen bewirbt ganz normales Salz in Drops-Form als Innovation für perfekt gesalzenes Nudelwasser. Für diesen Marketing-Gag zahlt man rund 12-mal mehr als für das herkömmliche lose Salz im bekannten Papierpackerl. Noch dazu findet sich auf dem Nudelsalz kein Hinweis zum Füllgewicht. Das macht den Preisvergleich im Supermarkt unnötig schwer. Ein Ärgernis für viele Konsument*innen. Deshalb hat im Dezember 2023 Bad Ischler im Konsument*innen-Voting den ersten Platz geholt.

foodwatch fordert eine transparente und faire Preisgestaltung statt Abzocke mit Marketing-Gags.

Abbildung 6: Werbeschmäh des Jahres 2023 - ©: Ronald Talasz/foodwatch.

Was wäre für eine transparentere Produktgestaltung nötig?

Das Lebensmittelrecht, sowohl auf EU-Ebene als auch in Österreich, ist eigentlich eindeutig: Konsument*innen dürfen durch die Aufmachung der Verpackung oder werbliche Maßnahmen nicht in die Irre geführt werden. Doch was irreführend ist, bleibt viel zu oft im Auge des Betrachters. Lebensmittelunternehmen fühlen sich im Recht, während Konsument*innen sich in die Irre geführt fühlen. Das zeigt: Es gibt im Lebensmittelrecht zu viele Schlupflöcher und zu viele Graubereiche, die eine intransparente Produktgestaltung möglich machen. Außerdem muss Irreführung viel öfter geahndet werden. foodwatch fordert deshalb: Das EU-Recht müsste so umgesetzt werden, dass Konsument*innen beim Kauf der Lebensmittel nicht in die Irre geführt werden können. Dazu braucht es eine Nachschärfung verschiedener Gesetzesmaterien sowie eine striktere Auslegung der bestehenden Gesetze.

Beispiel Herkunftsangaben:

Wer bestimmt, ob wir erfahren, woher die Äpfel im Supermarkt stammen? Und warum haben wir keine Chance, das nachzuvollziehen, sobald die Äpfel getrocknet und zerkleinert ins Müsli gemischt werden?

Welche Informationen wir über Lebensmittel bekommen, regelt seit 2011 eine EU-Verordnung. Doch sie lässt viele Bereiche offen.

Denn über die Herkunft der Lebensmittel erfahren wir leider nur sehr wenig: Das EU-Recht reicht hier bei Weitem nicht aus, um uns Konsument*innen klar zu informieren.

Bei frischem Obst und Gemüse muss im Supermarkt das Herkunftsland angegeben werden. Ebenso bei Fleisch, Fisch und Eiern. Allerdings nur, solange sie nicht weiterverarbeitet wurden. Eine Faustregel ist: Je stärker verarbeitet ein Lebensmittel ist, desto weniger müssen die Hersteller über die Herkunft verraten. Von den meisten Lebensmitteln erfahren wir deshalb gar nicht, wo die Rohstoffe herkommen. Sobald beispielsweise die Ananas aufgeschnitten wurde oder das Grillfleisch mariniert, verpflichtet das derzeit geltende Gesetz die Hersteller leider nicht mehr zu einer Herkunftsangabe. Und manchmal reicht dem Gesetzgeber „EU und Nicht-EU". In diesem Fall weiß man nur, dass das Lebensmittel vom Planeten Erde kommt.

Nicht alle geografischen Bezüge lösen eine Kennzeichnungspflicht aus

Die Supermärkte sind voll von Produkten, die österreichische Fähnchen tragen, und Verpackungen, die mit regionalen Symbolen spielen. Die Hersteller wissen, dass wir Konsument*innen in Österreich gern zu solchen Produkten greifen . Das Problem: Die Zutaten kommen oft ganz woanders her. Und bei vielen Rohstoffen erfahren wir nicht, woher.

Hier wird das Gesetz oft zum Nachteil der Konsument*innen ausgelegt. Die EU- Durchführungsverordnung zur Herkunftskennzeichnung der primären Zutaten ist in Sachen redlicher Konsument*innen-Information zu schwach. Es gibt viel zu viele Ausnahmen. Bei folgenden Bezeichnungen müssen die Hersteller zum Beispiel keine Angaben zur Herkunft irgendeiner Zutat machen:

- wenn der Name auf die Rezeptur, Machart oder Art der Produktion hinweist – etwa „Gemüse nach italienischer Rezeptur" oder „Chili con Carne nach mexikanischer Art",
- bei sogenannten Verkehrsbezeichnungen von Lebensmitteln wie „Linzer Torte" oder „Wiener Apfelstrudel",
- bei eingetragenen Marken, die eine geografische Angabe im Namen tragen.

foodwatch setzt sich daher schon lange für eine verpflichtende EU-weite Herkunftskennzeichnung aller Zutaten ein, gerade bei Produkten, die mit Herkunftsangaben werben. Ein Fähnchen oder ein klingender Name eines schönen Reiseziels können bei Konsument*innen Produkterwartungen schüren, die so nicht erfüllt werden. Sie können sich so allzu leicht in die Irre geführt fühlen.

Die Bereiche, die nachgebessert werden müssen, sind mannigfaltig. Die EU-Verordnung zur Verbraucherinformation über Lebensmittel ist eine gute und notwendige Basis. Doch die Nachbesserung geht viel zu langsam vonstatten, und viel zu oft werden Kompromisse eingegangen, die zum Nachteil der Konsument*innen ausfallen. Das muss sich ändern.

Illustrationen
Abb. 1: Werbeschmäh Jänner 2024 ©: Ronald Talasz/foodwatch.
Abb. 2: Werbeschmäh November 2023 ©: Ronald Talasz/foodwatch.
Abb. 3: Werbeschmäh Oktober 2023 ©: Ronald Talasz/foodwatch
Abb. 4: Werbeschmäh März 2023 ©: Ronald Talasz/foodwatch.
Abb. 5: Werbeschmäh Juli 2022 ©:Ronald Talasz/foodwatch.
Abb. 6: Werbeschmäh des Jahres 2023 ©: Ronald Talasz/foodwatch.

KURT REMELE

ZUKUNFTSFÄHIG? ÜBER DEN KONSUM VON TIEREN UND TIERPRODUKTEN

1. Einleitung: Entdeckungen und Entwicklungen

In einer Wiener Buchhandlung habe ich vor einigen Jahren eine Postkarte mit folgender Aufschrift entdeckt: „Mein Lieblingstier heißt Schnitzel. Es lebt in Wien. Das ist in Österreich." Die hintergründige Botschaft der Postkarte weist zweifellos auf die kulinarische Vorliebe der Österreicherinnen und Österreicher für das Wiener Schnitzel hin. Ganz gewiss will die Aussage auch darauf aufmerksam machen, dass Menschen heutzutage, vor allem Kinder, Kälbern und Schweinen fast nie im Freien begegnen, sondern nur noch auf dem Teller.

Die Vorliebe für Wiener Schnitzel kann jedoch nicht verdecken, dass die „eingefleischte", tief im kollektiven Gedächtnis verankerte Tradition des Essens von Tieren und Tierprodukten in die Krise geraten ist, zumindest im Globalen Norden, und das überproportional bei jungen und gebildeten Frauen. Selbst der traditionsreiche Wiener Schnitzelwirt Figlmüller bietet heute in seiner Gaststätte in der Bäckerstraße ein veganes Schnitzel an, das von der Schweizer Firma „Planted" aus Erbsenprotein erzeugt wird. Das vegane Wiener Schnitzel kostet übrigens gleichviel wie das Schweinswiener. Für ein klassisches Wiener Schnitzel aus Kalbfleisch muss man jedoch noch einiges drauflegen.

Severin Corti, der Restaurantkritiker des „Standard", stellte einmal fest: „Geht es um Veganismus, verliert das gesunde Volksempfinden erstaunlich schnell die Contenance." (Corti 2018) Da hat er völlig recht. Zudem widersetzen sich Fleischproduzenten, Fleischkonzerne und ihre politischen Verbündeten dem Trend zu pflanzlicher Ernährung mit viel Energie und Geld: Werbekampagnen suggerieren alternative Wahrheiten von Fleisch als einem unverzichtbaren Stück Lebenskraft und fair behandelten Nutztieren, schnitzelanbietende gastronomische Neueröffnungen erhalten großzügige Subventionen einer Landesregierung, Pflanzenmilch wird in Österreich doppelt so hoch besteuert wie Kuhmilch. Um Schweinefleisch billig zu halten, hat der Gesetzgeber in Österreich im Gegensatz etwa zu Deutschland und der Schweiz Schweinemästern noch immer nicht verboten, neugeborene Ferkel ohne jede Betäubung mithilfe einer Quetsch-Zange oder einem Skalpell eigenhändig zu kastrieren.

Wer sich mit der Zukunft der Ernährung beschäftigt, kann sich jedoch den weltanschaulichen Entwicklungen im Bereich des menschlichen Umgangs mit Tieren im Allgemeinen, sogenannten Nutztieren im Besonderen nicht entziehen. Dabei geht es nicht bloß um die Transformation der gegenwärtigen Massen- und Intensivtierhaltung in etwas tierfreundlichere Formen der Aufzucht und Schlachtung, sondern um die grundsätzliche Frage, inwieweit es ethisch zulässig ist, Tiere für menschliche Zwecke zu instrumentalisieren und objektifizieren. Nach dem Philosophen Ronald Sandler von der Northeastern University in Boston besteht „eines der bedeutendsten Themen der Ernährungsethik [darin], ob es moralisch vertretbar ist, Tiere zu essen." (Sandler 2015, 74)

Die ethische Problematik von Fleischproduktion und Fleischkonsum umfasst drei Bereiche: den tierethischen Bereich, in dem es um die Schmerzen, das Leid und den frühen gewaltsamen Tod von Tieren geht; den ökologischen Bereich, der die verheerenden Auswirkungen der Viehzucht auf Mitwelt und Klima reflektiert, und den gesundheitlichen Bereich, der die negativen gesundheitlichen Folgen einer fleischlastigen Ernährungsweise für den Menschen beschreibt, von ernährungsmitbedingten Erkrankungen bis hin zu den erniedrigenden Arbeitsbedingungen in Schlachthöfen. Ich konzentriere mich hier auf die ersten beiden Gebiete. Zum Gesundheitsaspekt sei nur so viel gesagt: Eine wachsende Zahl von Ernährungswissenschaftlerinnen und Diätologen sind heute davon überzeugt, dass eine gute vegane Ernährung, die u.a. auf die Einnahme von Vitamin B12 in Form eines Nahrungsergänzungsmittels achtet, im Allgemeinen mit gesundheitlichen Vorteilen für den Menschen verbunden ist. (Leitzmann 2018)

2.
Tierethik: Wen gibt es zum Abendessen?

In den 1970er-Jahren begannen die Natur- und Geisteswissenschaften, vor allem auch die philosophische und teils auch die theologische Ethik, sich zunehmend für Tiere zu interessieren. Diese Entwicklung wird als „Animal Turn" bezeichnet. Gemeinsamkeiten und Unterschiede zwischen Menschen und ihren tierlichen Mitgeschöpfen werden kritisch reflektiert, der geringe ethische Status von nicht-menschlichen Tieren problematisiert. Die traditionelle Auffassung, nach der es Ethik mit dem Verhalten zwischen Mensch und Mensch oder Mensch und Gesellschaft zu tun habe, wird auf Tiere und allgemein auf Umwelt oder Mitwelt hin ausgeweitet. Es findet ein Paradigmenwechsel statt, der von der traditionellen Auffassung wegführt, Tiere seien Sachen, Mittel zum Zweck und reine Gebrauchsartikel für die Menschen. Es wächst die Überzeugung, als fühlende Wesen hätten Tiere ihren eigenen Wert, ihre eigene Würde, sogar ihre eigenen Rechte. Die Erkenntnis von Darwins Evolutionstheorie, dass die Unterschiede zwischen Menschen und Tieren keine grundsätzlichen seien, sondern graduelle, tritt stärker ins Bewusstsein. Aus ihrer umfangreichen Forschungstätigkeit zieht die renommierte britische Verhaltensforscherin und Primatologin Jane Goodall folgendes Resümee: „Wenn ich auf diese fünfzig Jahre zurückblicke, wird sehr klar, dass wir Menschen nicht die einzigen Lebewesen mit Persönlichkeit, Verstand und Gefühlen sind und dass es keine scharfe Trennungslinie zwischen uns und dem restlichen Tierreich gibt." (Goodall 2010, 12) Weil also auch Rinder und Schweine eine eigene Persönlichkeit haben, müsste die übliche Frage „Was gibt es zum Abendessen?" umgeändert werden in „*Wen* gibt es zum Abendessen?" (Bekoff 2020) Und unsere Tagung zur Zukunft der Ernährung müsste heißen: „*Was* oder *wen* werden wir morgen essen?"

Eine wachsende Anzahl von Menschen glaubt nicht, dass es ethisch ausreicht, Tieren ein vergleichsweise artgerechtes Leben zu ermöglichen, sie nach einigen Wochen oder Monaten zu töten, sich im Tischgebet bei Gott für ihre angebliche Lebenshingabe zu bedanken und sie anschließend mit Gusto zu verspeisen. Ethisch vorzugswürdig erscheint diesen Menschen die Norm, keine Tiere und keine Tierprodukte zu essen, weil die Aufzucht von Tieren selbst unter den besseren „Produktionsbedingungen" in einem Bio-Betrieb alles andere als ideal ist und sowohl der Transport in den Schlachthof als auch der vorzeitige Tod mit erheblichem Stress und beträchtlichen Schmerzen verbunden sind. Selbst wenn das tierliche Leben glücklich und der Tod sanft erfolgte: Hat ein Tier, zumindest eines mit Bewusstsein, nicht ein grundsätzliches Lebensrecht? Und hat Albert Schweitzer nicht recht, wenn er betont, dass der Mensch diesem Lebensrecht nur dann zuwiderhandeln dürfe, wenn „eine unentrinnbare Notwendigkeit dafür vorliegt"? (Schweitzer 2005, 38) Kulinarische Gewohnheiten und Geschmacksvorlieben gelten aus ethischer Sicht jedenfalls nicht als solche.

Eine vegane Ernährung ist weder eine moralisierende, komplexitätsreduzierende Ideologie noch eine Religion oder eine Ersatzreligion. (Remele 2024, 21; Remele 2019, 62-69) Theologisch-biblisch gesehen ist sie vielmehr die paradiesische Ernährungsform, als die sie gleich zu Beginn der Bibel beschrieben wird. „Hiermit übergebe ich euch alle Pflanzen", verkündet Gott den ersten Menschen, „die Samen tragen, und alle Bäume mit samenhaltigen Früchten. Euch sollen sie zur Nahrung dienen." (Gen 1,29) Als geschichtlich wirkmächtig erwies sich jedoch nicht diese Bibelstelle, sondern der kurz vorher zu findende Herrschaftsbefehl oder Unterwerfungsauftrag, in dem Gott den Menschen die Herrschaft über die Erde, die Fische des Meeres, die Vögel des Himmels und das Vieh auf dem Land überträgt. (Gen 1,26.28) Wer sich vegan ernährt, bringt ein Stück vom Paradies auf diese Erde.

Wer sich für eine vegane Ernährungs- und Lebensweise entscheidet, tut dies nicht, um sich selbst zu kasteien und von anderen abzugrenzen, sondern deshalb, weil er oder sie davon überzeugt ist, dass Tiere einen Anspruch auf unser Mitgefühl und ein Grundrecht auf Leben haben. Veganerinnen und Veganer wissen, dass eine rein pflanzliche Ernährung, die auf entsprechender Information und Planung beruht, geschmackvoll und gesund, tier- und menschenfreundlich ist. Aus tierethischer Sicht hat eine vegane Ernährungs- und Lebensweise nicht bloß Applaus, sondern Standing Ovations verdient.

Das Gleiche gilt aber auch für den Bereich der Umwelt bzw. Mitwelt- und Klimaethik, denn eine vegane Lebensweise bringt zahlreiche, teils immense ökologische Vorteile.

3. Mitwelt- und Klimaethik: Fix Your Diet, Save the Planet

„Fix Your Diet, Save the Planet", „Bring Deine Ernährung in Ordnung, rette den Planeten", überschrieb Peter Singer (Singer 2023) sein im April 2023 in der „New York Times" erschienenes Plädoyer für eine vegane Ernährung. Wer die Qualen und den Tod von Tieren ausblendet, weil er sein Schnitzel in Ruhe genießen will, den sollten zumindest die Methan ausstoßenden Rülpser von Rindern und anderen Wiederkäuern irritieren. Die riesige Anzahl an sogenannten Nutztieren, die allermeisten davon in industrieller Tierhaltung, erzeugt nicht nur immenses Tierleid, sondern produziert auch ein ungeheures Maß von Umweltzerstörung und trägt maßgeblich zur Klimaerhitzung bei.

Bereits im Jahre 2006 hat die von der FAO, der Ernährungs- und Landwirtschaftsorganisation der UNO, durchgeführte umfangreiche und bahnbrechende Studie „Livestock's Long Shadow" („Der lange Schatten der Viehzucht") dokumentiert, dass vor allem das bei der Rinderzucht entweichende Methangas deutlich mehr zur Erderwärmung beiträgt als Kohlendioxid. Übrigens bilden sowohl die mit Kraftfutter ernährten Hochleistungsrinder im Stall als auch die artgerechter lebenden Kühe auf den Weiden bei ihrer Verdauung Methan, letztere allerdings in geringeren Mengen. (Schmitz 2023, 69-74) Nach „Livestock's Long Shadow" verursacht die globale Viehzucht insgesamt mehr Treibhausgase als der weltweite Verkehr mit Flugzeugen, Schiffen, Autos und Eisenbahnen zusammen. Sie vernichtet riesige Regenwald-Gebiete, die abgeholzt werden, um Weideflächen für Rinder oder Anbauflächen für Futtermittel zu gewinnen, die in den Globalen Norden exportiert und den Tieren in Intensiv- und Massentierhaltung als Nahrung dienen. Viehzucht verbraucht und vergeudet Unmengen von Wasser, reduziert Biodiversität und zerstört Ökosysteme. Um ein einziges Kilogramm Rindfleisch zu produzieren, benötigt man 13 kg Getreide oder Sojaschrot. Man braucht 12-mal so viel Wasser wie für ein Kilo Brot, 64-mal so viel wie für ein Kilo Kartoffeln und 86-mal so viel wie für ein Kilo Tomaten. (Singer/Mason 2006, 231-237) Nach dem Viehzucht-Bericht der FAO wird die Weltbevölkerung im Jahre 2050 etwa 9,5 Milliarden Menschen betragen. Weil Fleischkonsum in vielen Ländern weiterhin als Zeichen des Wohlstands gilt, wird die Nachfrage nach Fleisch weltweit ansteigen. Die weltweite Fleischproduktion, die im Jahr 2000 etwa 230 Millionen Tonnen betragen hat, wird bis zum Jahr 2050 auf 465 Millionen Tonnen anwachsen und sich damit mehr als verdoppeln.

Bereits im Jahre 1978 hat der renommierte katholische Theologe Johann Baptist Metz in einer Rede auf dem Katholikentag in Freiburg im Breisgau diagnostiziert, dass die Menschen immer mehr zu „Voyeuren des eigenen Untergangs" (Metz 1980) werden. Drastische Änderungen stehen also an, das Ziel ist klar, der Weg dorthin umstritten:

„Ziel sucht Weg", hat der Journalist Fritz Habekuß die Lage prägnant charakterisiert. (Habekuß 2020) Das Dokument der FAO schlägt jedenfalls eine Reihe von politischen Maßnahmen vor, um den negativen Auswirkungen von Viehzucht und Fleischkonsum entgegenzusteuern: allen voran Institutionen und Regularien, die dafür sorgen, dass die lebensnotwendigen Ressourcen ihren angemessenen Preis erhalten und die externen Kosten der Viehzucht nicht weiter von der Allgemeinheit, der Umwelt und den Nachgeborenen getragen werden. Subventionen für die industrielle Viehzucht sollen gestrichen, die Preise für Land und Wasser, Futtermittel und Fleisch der Kostenwahrheit entsprechen. Ökologisches Verhalten soll belohnt werden: mit Prämien für Landbesitzer, Landwirte und Viehzüchter, die mit Boden- und Landschaftspflege, Erhalt von Biotopen und Flussläufen die Ressourcen nachhaltig schützen.

Es ist begrüßenswert, dass „Lifestock's Long Shadow" auch politische und strukturelle Vorschläge macht, die den Ausstieg aus der Tierindustrie begünstigen („Food Systems Change"). Grundlegende, anhaltende gesellschaftliche Transformationen bedürfen nämlich sowohl einer Umgestaltung der Rahmenbedingungen als auch der persönlichen Verhaltensänderung. In ihrem Werk „Anders satt. Wie der Ausstieg aus der Tierindustrie gelingt" setzt sich die deutsche Philosophin Friederike Schmitz eingehend und kompetent mit der Frage auseinander, wie Tierrechtlerinnen und Veganer sich zivilgesellschaftlich einbringen können, um Regierungen zu einer Ernährungspolitik zu bewegen, die Tiere respektiert, die Klimaerhitzung hintanhält und die globale Verteilungsgerechtigkeit fördert. Zu Schmitz' Vorschlägen zählen etwa eine Nachhaltigkeitssteuer, die Lebensmittel, die hohe Mengen an Treibhausgas produzieren, höher besteuert oder Bürgerräte, die Maßnahmen gegen die Klimaerhitzung ausarbeiten und an die Regierung übermitteln. (Schmitz 2023, 202-228) Gesamtgesellschaftlich erfordert die fortschreitende Umgestaltung der menschlichen Ernährungsweise wohl „neben hohen Zielimperativen realitätsgemäße Stufenimperative als Wegmarkierungen zu diesen hohen Zielen." (Zsifkovits 1998, 83)

Wie aber steht es nach „Livestock's Long Shadow" mit der persönlichen Verantwortung der Fleisch-Konsumenten? Das Dokument spricht hier eine deutliche Sprache: „Es gibt überzeugende Argumente dafür, dass der ökologische Schaden durch die Viehzucht maßgeblich reduziert werden könnte, wenn sich der heute übliche exzessive Verbrauch von tierischen Produkten bei den wohlhabenden Menschen senken ließe. Internationale und nationale öffentliche Institutionen ... haben beständig Empfehlungen ausgesprochen, den Konsum von tierischen Fetten und rotem Fleisch ... einzuschränken." Das Dokument der FAO begrüßt „die zunehmende Nachfrage nach biologischen Lebensmitteln" und „die in wohlhabenden Ländern festzustellende Tendenz, sich vegetarisch zu ernähren." (Lifestock's Long Shadow, 2006, 269)

Eine an der Universität Oxford durchgeführte und im Juli 2023 in der Online-Zeitschrift „Nature Food" veröffentlichte Studie (Scarborough u.a. 2023) bestätigt den FAO-Bericht von 2006. Dabei hat ein Forschungsteam unter der Leitung von Professor Peter Scarborough die Taten von 55.000 Personen untersucht, die sich entweder vegan, vegetarisch, pescetarisch oder fleischhaltig ernährten. Die Forscherinnen und Forscher fanden heraus, dass zwischen der Menge des Tierkonsums und den negativen Auswirkungen auf die Umwelt, vor allem hinsichtlich Treibhausgasemissionen, Land- und Wasserverbrauch sowie Nährstoffanreicherung in Gewässern (Eutrophierung), ein enger Zusammenhang besteht. Eine vegane Ernährung verursacht nur ein Viertel der Umweltbelastungen einer fleischreichen Diät. Das Forschungsteam empfiehlt die Umstellung auf eine pflanzliche Ernährungsweise, denn die gegenwärtige sei nicht zukunftsfähig. Um eine nachhaltige globale Nahrungsproduktion zu erzielen, müssten die reichen Nationen ihren Fleisch- und Milchkonsum „radikal" reduzieren. Der renommierte deutsche Ernährungswissenschaftler Claus Leitzmann hat der veganen Ernährung deshalb völlig zu Recht gute Chancen attestiert, „die wichtigste Ernährungsform der Zukunft zu werden [...], denn sie sei „der beste Beitrag zur Gesundheit von Menschen, Umwelt und unseres Planeten." (Leitzmann 2018, 124)

4. Schluss: Ein Vorschlag für Omnivoren

Aus ernährungsphysiologischen Gründen sollten stark verarbeitete pflanzliche Fleischersatzprodukte in einer veganen Ernährung höchstens eine Nebenrolle spielen. Doch weil wir mit dem veganen Wiener Schnitzel von Figlmüller begonnen haben, erwähnen wir es hier zum Abschluss noch einmal. Bei Einsteigerinnen und Einsteigern in eine rein pflanzliche Ernährung kann man ohnehin ein wenig großzügiger sein. Sollten Sie also noch wenig oder keine Erfahrung mit veganen Speisen haben, unterbreite ich ihnen einen Vorschlag: Bestellen Sie beim Figlmüller in der Bäckerstraße ein veganes Wiener Schnitzel, wenn Sie wieder zurück in Wien sind oder das nächste Mal nach Wien kommen. Es ist einen Versuch wert. Und Sie tun etwas Gutes: Fix your diet, save the animals and the planet. Sollten Sie knapp bei Kasse sein und Kinder haben, können Sie ja, wie wir inzwischen wissen, gemeinsam ein Lokal von McDonald's aufsuchen und dort einen „McPlant", einen Burger mit einem veganen Patty von „Beyond Meat", verspeisen. Da der Patty neben Salat, Tomate, Gurke und Zwiebeln leider auch mit „zartschmelzendem Käse" (McDonald's Werbegesellschaft o. J.) belegt ist und noch dazu auf dem gleichen Grill wie das Fleisch zubereitet wird, gehen Sie dann allerdings bestenfalls als Vegetarierin oder Vegetarier durch. Wer bei McDonald's isst, muss eben Abstriche machen. Tut mir leid. Und wer glaubt, auf dem Weg rein kosmetischer Korrekturen am Ernährungssystem und einer am wohlstandsbürgerlichen Hausverstand orientierten Ernährungsweise werde man das Ziel einer ökologisch orientierten, nachhaltigen, menschen- und tierfreundlichen Gesellschaft erreichen, täuscht sich.

Literatur

Bekoff, Marc (2020): Why Are Cows Meat, Pigs Pork, Turkeys Turkey, and Tunas Tuna? Why Are Cows Meat, Pigs Pork, Turkeys Turkey, and Tunas Tuna? | Psychology Today (12.3.2024).

Goodall, Jane (2010): Why it is Time for a Theological Zoology! in: Hagencord, Rainer (Hrsg.): Wenn sich Tiere in der Theologie tummeln. Ansätze einer theologischen Zoologie. Regensburg, 10–20.

Habekuß, Fritz: Umweltschutz: Ziel sucht Weg, in: Die Zeit Nr.23 (2020) Umweltschutz: Ziel sucht Weg | ZEIT ONLINE (15.04.2024).

Leitzmann, Claus (2018): Veganismus. Grundlagen, Vorteile, Risiken. München

Lifestock's Long Shadow. Environmental Issues and Options. Food and Agriculture Organization of the United Nations (2006). http://www.fao.org/docrep/010/a0701e/a0701e00.HTM (12.4.2024)

McDonald's Werbegesellschaft (o. J.): McPlant. McPlant - McDonald's (mcdonalds.at) (12.4.2024).

Metz, Johann Baptist (1980): Jenseits bürgerlicher Religion. Reden über die Zukunft des Christentums. Kaiser-Grünewald.

Remele, Kurt (2019): Die Würde des Tieres ist unantastbar. Eine zeitgemäße christliche Tierethik. Kevelaer.

Remele, Kurt (2024): Warum Veganismus keine (Ersatz-)Religion ist, in: Der Standard, 9.2.2024, 21.

Sandler, Ronald L. (2015): Food Ethics. The Basics. London/New York.

Scarborough u. a. (2023): Vegans, vegetarians, fish-eaters and meat-eaters in the UK show discrepant environmental impacts. Vegans, vegetarians, fish-eaters and meat-eaters in the UK show discrepant environmental impacts | Nature Food.

Schmitz, Friederike (2023): Anders satt. Wie der Ausstieg aus der Tierindustrie gelingt. Mainz.

Schweitzer, Albert (2005): Aus meiner Kindheit und Jugendzeit. München.

Singer, Peter (2023): Fix Your Diet, Save the Planet. Opinion | Peter Singer: Fix Your Diet, Save the Planet - The New York Times (nytimes.com) (12.3.2024).

Singer, Peter/Mason, Jim (2006): The Ethics of What We Eat. Why Our Food Choices Matter. Emmaus, PA.

Zsifkovits, Valentin (1998): Demokratie braucht Werte. Münster.

KARL-HEINZ STEINMETZ

GOTT ZWISCHEN EINTÖPFEN – ERNÄHRUNGSETHIK IN DER CHRISTLICHEN SPIRITUALITÄTSGESCHICHTE

Einleitung

Das Themenfeld Ernährung wirft spannende Fragen auf: ethische, spirituelle und ökonomische Herausforderungen; Fragestellungen der Versorgungssicherheit, der Auswahl und Zubereitung der Nahrungsmittel im Sinne einer genussvollen Gesundheitsküche, der Mahlkultur und vieles mehr. Für einige Ernährungsfragen steht das Christentum als nonkonformistischer Gesprächspartner zur Verfügung, denn die Offenbarungsurkunde des Christentums thematisiert Ernährungsfragen sehr eindringlich und gibt interessante Normen vor. In der christlichen Spiritualitätsgeschichte hat man die biblische Ernährungsethik immer wieder neu ausgelegt und kreativ fortgeschrieben. Diese Zeugnisse sind zwar auch von historischem Interesse, sie bieten aber zudem provokante Argumente und hörenswerte Überlegungen für den heutigen Diskurs um die „richtige Ernährung".

Ethisch-spirituelle Normierungen des Essens in Religionen

In vormodernen Kulturen sind alle lebensweltlichen Bereiche potenziell von religiöser Wertigkeit – gerade der Bereich der Ernährung. Überall existieren religiöse Regeln, was gegessen oder getrunken werden darf, wie Speisen zuzubereiten sind und in welcher Haltung man essen und trinken soll. Hierzu einige Beispiele:

Der Pool an grundsätzlich verzehrbarer Nahrung ist immer größer als das konkrete Repertoire der Nahrungsmittel, die tatsächlich verzehrt werden (dürfen). Oder anders gewendet: Nirgends isst und trinkt man alles, was an sich ess- und trinkbar wäre; überall wird in Sachen Nahrung ausgewählt. Ein prominentes Beispiel hierfür ist die Observanz von Reinheits- und Speisegesetzen im Hinduismus, in Mesopotamien und Ägypten, im Zoroastrismus, im Judentum und im Islam. Der gemeinsame Hintergrund derartiger Speisevorschriften lässt sich leicht aufhellen: Weil nach dem Selbstverständnis der jeweiligen Religionsgemeinschaft eine Gottheit gewisse Speisen, Getränke oder Speisepraktiken untersagt hat, sind sie tabu. Nur wer die Differenz von rein/unrein bzw. erlaubt/unerlaubt beobachtet, kann als vollwertiges Mitglied einer religiösen Bündnisgemeinschaft gelten (Kraemer 2008).

Einen besonders prominenten Fall einer qualitativen Nahrungsbeschränkung stellt der Nicht-Konsum von Fleisch bzw. tierischen Produkten dar. Welches Motiv steckt hinter dem Fleischverzicht? Betrachtet man das Nahrungsmittelkontinuum, so lässt sich konstatieren: Pflanzen werden geerntet, Tiere werden geschlachtet. Pflanzen sind in ihrer Lebendigkeit vom Menschen ziemlich entfernt. Tiere hingegen, insbesondere Säugetiere, stehen in einem Nahverhältnis zum Menschen, das problematisch werden kann (Foer 2010). Die vegetarisch-vegane Fraktion votiert daher für den konsequenten Nicht-Konsum von Fleisch und/oder tierischen Substanzen. Untermauert wird dieses Votum durch verschiedene Argumentationsfelder, die in der Ernährungsdiskussion immer wieder begegnen (Haussleiter 1935).

Tiergenuss sei...

- unhygienisch wegen des blutigen Schlachtungsvorgangs,
- anthropologisch-medizinisch abzulehnen, weil der Mensch nicht zum Fleischfresser tauge,
- historisch fragwürdig, weil wichtige Kulturvölker und Personen fleischlos lebten,
- sozialethisch bedenklich, weil Fleischproduktion teuer ist und als Tierverzweckung einen Lernort von Grausamkeit und Ausbeutung darstellt,
- spirituell kontraproduktiv, weil er den spirituellen Aufstieg bricht und in die Fleischlichkeit hinabzieht.

Ein weiterer wichtiger ethischer Diskursort in Sachen Ernährung entzündet sich an der Auffassung vieler religiösen Traditionen, dass Nahrungsmittel grundsätzlich keine Habe, sondern eine Gabe darstellen. Nahrungsmittel sind also ein Geschenk, das verpflichtet: Rückerstattung eines Teils der Nahrung an die Gottheit mittels Opfer, gerechte Verteilung der Nahrung innerhalb der Mahlgemeinschaft, dankbare Nahrungsaufnahme – etwa im Rahmen eines Tischgebets.

Ein letzter Diskursort religiöser Ernährungsethik ist die Fastenpraxis: Keine irdische Speise kann den wahren Hunger des Menschen stillen. Gerade durch eine vorübergehende Nahrungsbeschränkung und Verzicht kann der Mensch Grenzen leibhaftig erspüren, sich aus Oberflächenverhaftungen lösen sowie für die Tiefe und Weite des Seins offen werden.

Transzendentale Gastrosophie im Christentum

Im Rahmen dieses Beitrags ist es nicht möglich, die biblische Ernährungsethik des Ersten und Zweiten Testaments in ihrer ganzen Breite darzustellen. Im Folgenden sollen daher nur einige wichtige fundierende Erzählungen besprochen werden – vier narrative Kerne aus dem Alten und Neuen Testament –, im Sinne einer christlichen Tetralektik (Lutterbach 1999, 177–209; Moll 2012; Steinmetz 2022, 90–92):

1. Im Schöpfungsbericht von Gen 1,22–31 wird der Mensch als veganer Paradiesbewohner vorgestellt, der auf göttliches Geheiß ausschließlich pflanzliche Ernährung zu sich nimmt. In der Spiritualitätsgeschichte besonders wirksam geworden ist ein lateinischer Satz der Vulgata – dedi vobis herbas ut sint in escam = ich habe euch Pflanzen gegeben, damit sie euch zur Nahrung dienen –, der als Leitmotiv in spirituellen Texten zitiert werden konnte.
2. In einer anderen Erzählung, Gen 9,3, befindet sich der Mensch nicht mehr im Paradies, sondern nach dem Sündenfall auf Erden. Gott verpflichtet den Menschen als Bündnispartner auf eine Bundes-Ernährung: Er darf tierische Nahrungsmittel genießen, ist dabei aber angehalten, Ernte-, Schlacht- und Zubereitungsvorschriften zu beobachten sowie sich von tabuisierten Nahrungsmitteln zu enthalten. Besonders wichtig an dieser Stelle ist die Aussage, dass Gott auch mit den Tieren einen Bund hat, der die Verfügungsgewalt des Menschen einschränkt.
3. Ein weiterer Geschichtskomplex (mit unzähligen Bibelstellen) erzählt von Propheten und dem Volk Israel auf Wüstenwanderungen, wo man sich mit einem *survival food* begnügen musste: Getreidegrütze oder getrocknetem Fladenbrot mit Kräutern.
4. Die letzte Ernährungsszene ist schließlich endzeitlich: Sie berichtet vom endgültigen Schöpfungsfrieden, der auch die Tiere umfasst und den veganen Paradieszustand der Schöpfungsgeschichte auf höherer Ebene wiederaufgreift (Jes 9,7; 11,6–9; 65,25).

Diese Punkte lassen sich nun mit wichtigen Erzählkernen des zweiten Testaments verbinden, die das Leben des Jesus von Nazareth entfalten und bezüglich der Ernährungsfrage beleuchten:

1. Jesus wird im Neuen Testament zwar nicht als Veganer oder Vegetarier vorgestellt, aber eben auch nicht als ausgewiesener Fleischesser. Das Mainstream-Christentum hielt und hält Jesus für einen Flexitarier. Es gibt aber auch ein Minderheitenvotum, das an einem vegetarisch-veganen Christus festhält; prominent war etwa die asketische Auffassung des Hieronymus, nach welcher der österliche Christus die Paradiesdiät als Idealform der Ernährung wiedererrichtet habe.
2. Die vier Evangelien sind sich einig, dass Jesus eine koschere mediterrane Diät einhielt – mit Gemüsen, Obst, Getreideprodukten, Olivenöl, Salz, Gewürzen und Kräutern, Wein, Wasser etc.; und gemäß der heute gängigen Exegese auch mit tierischen Lebensmitteln, insoweit sie der koscheren Küche der damaligen Zeit entsprachen.
3. Unterbrochen wurde diese Normal-Diät von asketischen Episoden, nämlich Fastenaufenthalten in der Wüste, bei denen Jesus gar keine feste Nahrung zu sich nahm bzw. sich mit *survival food* beschied (Mt 4,3–4).
4. Entscheidend für die jesuanische Mahlpraxis ist die vollzogene Vorwegnahme des

Himmelsmahles auf Erden: Jesus lud Menschen zu inklusiven Mählern in freundschaftlicher Runde – unabhängig von Status, Geschlecht, Herkunft oder Nationalität der Gäste. Die Evangelien berichten vom Unverständnis der jüdischen Mitwelt, die sich über Jesus als Fresser und Säufer im Kreise von Gesindel aufregte.

Die ersten Christen haben sich die Speisepraxis des Jesus von Nazareth nach seinem Tod angeeignet, allerdings in einer dezidiert österlichen Perspektive: Sie gingen davon aus, dass die Liebeshingabe Jesu am Kreuz universale Erlösung bewirkte und damit das jüdische Speisegesetz relativierte. Koscheres Essen konnte entfallen. Dem Christentum sind damit Bausteine einer Spiritualität der Ernährung eingestiftet, die in der Spiritualitätsgeschichte immer wieder neu zu verhandeln sind: veganes Paradiesmahl, einfache Alltagsküche, regelmäßige Fastenpraxis sowie sozialkritisch-inklusive Mahlgemeinschaft.

Das vegane Paradies der Wüste

Im 2. und 3. Jahrhundert entstand in der ägyptischen Wüste die erste spirituelle Bewegung des Christentums: Männer und Frauen verließen die Städte und lebten in der Wüste als Einsiedler oder Einsiedlerin, als Mönch oder Nonne, auf einem kargen Stück Land in Häuschen aus Lehmziegeln mit Zisterne und Nutzgarten – die sogenannten Wüstenmütter und Wüstenväter. Die Schriften dieser spirituellen Bewegung behandeln nicht nur das Gebetsleben und die Meditationspraxis dieser Eremiten und Eremitinnen, sondern bezeugen auch ihre anspruchsvolle Ernährungsspiritualität (Jotischky 2011, 31–42; Steinmetz 2022, 92–94):

- Der Mensch trägt eine unendliche Sehnsucht in sich, die innerhalb der Welt unstillbar ist. Der Mensch steht daher in der Gefahr, seinen existenziellen Hunger in einer überbordenden „Magenwut“ überzukompensieren. Die Therapie der Wüstenmütter und Wüstenväter ist ebenso einfach wie wirkungsvoll: individuelle Sättigungsgrenze erspüren und von nun an nur noch vier Fünftel dieser Menge essen.
- Die Eremiten und Eremitinnen hielten sich zudem an die oben erwähnte Paradies-Diät: Abbas Theon war passionierter Rohköstler und begnügte sich mit rohem Obst und Gemüse. Onuphrios nutzte zudem Trockenfrüchten, vor allem Feigen. Hilarion und Hieron widmeten sich intensiv Hülsenfrüchten wie Kichererbsen und Linsen. Der Speisezettel von Antonius war hingegen von Getreidebrei und Fladenbrot geprägt. Pflanzenöle sind in allen Texten reich bezeugt.
- Eine kleine und besonders konsequente vegane Gruppe in Syrien wurde von ihren Kritikern spöttisch *boschoi*, Grasende, genannt. Ihr Credo lautete: „Esse Gras, trage Gras, schlafe auf Gras, und dein Herz wird wie Eisen!“, wobei „Gras“ hier alles Pflanzliche meint, das sich ernten, verarbeiten und konsumieren lässt – mittels Händen, Schneide- und Reibwerkzeugen sowie Essschalen. Ein Kochtopf war hingegen ein absolutes No-Go.

Die eremitisch-monastische Paradies-Diät war für die christliche Allgemeinheit nicht lebbar, aber blieb attraktiv – als Nahrungsaskese an Freitagen, Mittwochen und Samstagen sowie während der vorösterlichen und adventlichen Fastenzeit, oder um es anders zu sagen: als „approximatives Teilzeit-Vegetariertum".

Benedikt und die Mahl-*communio*

Der Beitrag Benedikts von Nursia und des Benediktinerordens zur Kochkultur kann kaum überschätzt werden: Unzählige Getreide-, Obst- und Rebsorten, Heilkräuter und Nutztierrassen stammen aus benediktinischer Züchtung. Im Folgenden soll es allerdings nicht um die benediktinische Ernährungspraxis im Allgemeinen gehen, sondern um die spezifisch benediktinische Ernährungsethik – unter drei Schlüsselfragen: Wann, Was und Wie essen? (Fritsch 2008; Gindele 1964; Rosenberger 2012; Steinmetz 2022, 95–99).

- Die Benediktsregel hat zunächst sehr klare Vorstellungen, wann gegessen werden soll: Ernährung ist saisonal variabel, im Sommer anders als im Winter. Für heutige Ohren provokant ist, dass die Klosterregel Benedikts überhaupt nur maximal zwei Mahlzeiten pro Tag vorsieht. Schließlich ist auffällig, dass Benedikt zwar eine grundsätzlich positive Sicht auf Essen und Trinken und der Freude daran hat, dabei aber ausgesprochen fastenfreundlich ist. Wer diese drei Punkte der Benediktsregel heute in seinen Alltag einbauen will, ist eingeladen, den Lauf der Jahreszeiten in seinem Speisezettel abzubilden, täglich nur zwei Hauptmahlzeiten einzunehmen, plus einen Snack zur dritten Tageszeit, und sich eine eigene Fastenkultur zu erarbeiten. Es liegt auf der Hand, dass diese Punkte spirituelle Bedeutung haben; gleichzeitig zeigt die neueste Ernährungsmedizin, dass diese Praxis auch gesund ist: Die Beschränkung auf zwei Hauptmahlzeiten pro Tag stellt eine Spielart des Intervallfastens dar, deren positive Wirkung durch einen Medizinnobelpreis abgesichert ist.
- Die Benediktsregel geht zudem detailliert auf die Quantität und Qualität der Speisen und Getränke ein: Menschen haben unterschiedliche Bedürfnisse, weswegen Flexibilität erforderlich ist. Benedikt appelliert an die persönliche Verantwortung des Einzelnen. Definitive Obergrenzen stellt er nur für Wein (einen halben Liter täglich) und für Brot als teure Backware auf. Pflanzliche Nahrung – wie Hülsenfrüchte, Getreide, Gemüse, Obst, Nüsse etc.– unterliegt, als naturwüchsige Ernährungsgrundlage des Menschen im Sinne der oben besprochenen Paradies-Diät, keinerlei Restriktionen. Außerhalb der Fastenzeit sind auch tierische Substanzen ein statthafter Bestandteil des Speisezettels: Fleisch von Fisch und Geflügel, das sogenannte weiße Fleisch, plus Eier und Milchprodukte. Fleisch im engeren Sinne, rotes Fleisch von warmblütigen vierfüßigen Tieren, ist für Benedikt für Mönche und Nonnen ohne medizinische Ausnahme nicht statthaft.

- Mit seinem Verbot des Fleisches vierfüßiger Tiere *(caro quadrupedum)* gehört die Benediktsregel definitiv zu den anspruchsvollen Regeln. Dieser „Stachel" der Benediktsregel hat ordensintern zu heftigen Ernährungsdiskursen darüber geführt, wie strikt man dieses Gebot des Fleischverzicht nehmen müsse, und hat bis heute nichts von seiner Schärfe verloren (Steinmetz 2022, 99–102).
- Auch bei der Frage nach der Art und Weise der Nahrungsaufnahme besticht die Benediktsregel durch ihre klare Wegweisung: Wer Nahrungsmittel und Mahlpraxis mit dem Blick des Glaubens durchschaut, der erblickt eine universale Gemeinschaftsstruktur. Nahrungsmittel sind keine menschliche Habe, sondern eine göttliche Gabe; sie öffnen eine vertikale *communio*: Das Mahl mit köstlichen Speisen ist Ort der Gottesbegegnung, weswegen im Kloster Tischgebet und Tischlesung oder Schweigen beim Essen eine Selbstverständlichkeit sind. Das Mahl stiftet zugleich eine horizontale *communio*: Mahlhalten ist Gemeinschaftsvollzug, der von gemeinsamem Beten eingerahmt wird, bei dem sogar die verstorbenen Mitglieder der Gemeinschaft erinnert werden. Der Küchen- und Tischdienst ist geschwisterlicher Dienst aneinander. Das Mahl ist der Gastfreundschaft verpflichtet, die deswegen als christlicher *identity marker* gelten muss, weil im Gast Christus selbst aufgenommen wird. Auch diese benediktinischen Anregungen sind heute anschlussfähig: Eine vertiefte Mahlpraxis erfordert, dass man sich nicht einfach über Speisen hermacht, sondern einen Ritus der Dankbarkeit an Anfang und Ende setzt. Gastfreundschaft ist schließlich universales Kulturgut und zugleich Prüfstein christlicher Mahlpraxis.

Franziskus und die Sozialethik der Ernährung

Neben der benediktinischen Gastrosophie sind auch wichtige franziskanische Impulse erwähnenswert (Steinmetz 2013, 187–190): Die mittelalterliche Küche war gewürzversessen. Der Handel von Muskat, Ingwer, Galgant, Zimt, Nelke und Pfeffer war logistisch gesehen kein Problem, denn Gewürze sind im getrockneten und ungemahlenen Zustand lange haltbar und konnten ohne Qualitätseinbußen nach Mitteleuropa gebracht werden. Am Beginn der 13. Jahrhunderts war allerdings nicht jeder über den Versuch glücklich, sich den hedonistischen und kulinarischen Himmel auf Erden zu bereiten – was interessanterweise gerade auch in Benediktinerklöstern des Mittelalters um sich griff: Man kochte in der Fastenzeit vegetarisch oder vegan, legte sich aber in Sachen teurer Gewürze keinerlei Beschränkungen auf.

Franziskus von Assisi zum Beispiel, Sohn einer reichen Tuchhändlerfamilie, hatte den *hédonisme à la française* im elterlichen Haushalt kennengelernt, wie sein Name „Franceso", also „kleiner Franzose", beredt zum Ausdruck bringt. In einem Bekehrungserlebnis drehte sich ihm dann aber die Lustkultur, in der er aufgewachsen war, um: Franziskus entdeckte, dass der frühkapitalistische Luxus italienischer Städte in Sachen Textilien und Gewürzen massiv unsozial war. Franziskus schmeckte diese dekadente

Lebensform der Reichen immer weniger; er entdeckte die Süße und Würze einer einfachen, geschwisterlichen Mahlgemeinschaft mit Außenseitern. Diese alternative Mahlkultur mit Sinnsuchern hatte Franziskus durch die Lektüre der Evangelien gelernt.

Ganz auf dieser Linie liegt ein letzter Baustein christlicher Ernährungsspiritualität, die Franziskus konsequent beachtete: Er und seine Minderbrüder lebten von „Abfällen" der mittelalterlichen Überflussgesellschaft. Das Containern oder Mülltauchen als Mitnahme weggeworfener Waren ist auf der Handlungsebene anschließbar an franziskanische *condescensio-Theologie*: Echte Größe ist nicht Selbstüberhebung, sondern zeigt sich als Fähigkeit, das Größte im Kleinsten zu erblicken und in der sozialen Praxis zu würdigen.

Ressourcen der Ernährungsspiritualität

Das Christentum hat im Laufe seiner Geschichte im Bereich Ernährungsspiritualität unterschiedliche Antworten auf die Fragen der Zeit vorgetragen und immer neue Akzente gesetzt. Heute ist die christliche Stimme im Bereich der Ernährung leise geworden. Die eigentliche Chance einer christlichen Ernährungsspiritualität wäre es, den Gedanken des „Essen-ist-immer-schon-mehr-als-nur" konkret auszubuchstabieren und in gesellschaftliche Diskurse einzubringen: Nahrung ist, in christlicher Perspektive, mehr als der Rohstoff einer durchstrukturierten Lebensmittelökonomie; Mahlkultur ist mehr als raffinierter Lebensstil, elitäre Ästhetik oder Beitrag zum eigenen Wohlbefinden. Nahrung ist ein Geschenk, das Achtsamkeit, Dankbarkeit und Verantwortung erfordert. Spirituelle Esskultur muss daher stets offenbleiben für die drei harten Belange der Sozialethik – für die Herausforderung, die Weltbevölkerung mit Nahrung zu versorgen, das Tierwohl sowie den umfassenden Schutz der Schöpfung.

Literatur

Foer, Jonathan (2010): Tiere essen. Köln.

Fritsch, Susanne (2008): Das Refektorium im Jahreskreis. Norm und Praxis des Essens in Klöstern des 14. Jahrhunderts. Wien-München.

Gindele, Corbinian (1964): Der Genuss von Fleisch und Geflügel in der Magister- und Benediktusregel, in: Erbe und Auftrag 40, 506–507.

Haussleiter, Johannes (1935): Der Vegetarismus in der Antike. Berlin.

Jotischky, Andrew (2011): A Hermit's Cookbook. Monks, Food and Fasting in the Middle Ages. New York.

Kraemer, David (2008): Jewish Eating and Identity Throughout the Ages. Oxford.

Lutterbach, Hubertus (1999): Der Fleischverzicht im Christentum. Ein Mittel zur Therapie der Leidenschaften und zur Aktualisierung des paradiesischen Urzustandes, in: Saeculum 50/2, 177–209.

Moll, Sebastian (2012): Jesus war kein Vegetarier. Berlin.

Rosenberger, Michael (2012): Bei Tageslicht speisen (RB 41,8–9). Essen und Trinken in der Regel Benedikts, in: Geist und Leben 85,182–198.
Steinmetz, Karl-Heinz (2017): Der Stachel Benedikts. Monastisches Fleischverbot bis zur Melker Reform, in: Hofmeister-Winter, Andrea (Hrsg.): Kochbuchforschung interdisziplinär. Beiträge der kulinarhistorischen Fachtagungen in Melk 2015 und Seckau 2016. Graz, 89–104.
Steinmetz, Karl-Heinz (2013): Gaumen der Kontemplation. Transzendentale Gastrosophie der christlichen Orden im Mittelalter, in: Kolmer, Lothar (Hrsg.), Hedonismus. Genuss – Laster – Widerstand?. Wien, 176–193.

ILLE C. GEBESHUBER

WAS KÖNNEN WIR VON DER NATUR LERNEN? BIONIK UND ERNÄHRUNG – NEUE WISSENSCHAFTLICHE WEGE IN EINE NACHHALTIGE ZUKUNFT

1. Einleitung

Bionik ist ein interdisziplinäres Forschungsfeld, das sich mit der systematischen Untersuchung und Abstraktion von natürlichen Materialien, Strukturen, Prozessen und Systemen für technische Anwendungen beschäftigt. Der Begriff „Bionik" setzt sich aus den Worten „Biologie" und „Technik" zusammen und spiegelt das Bestreben wider, Prinzipien und Strategien aus der Natur für die Entwicklung neuer Technologien und Lösungen zu adaptieren. Die Grundannahme der Bionik ist, dass Organismen durch Millionen Jahre der Evolution effiziente und optimierte Strukturen, Materialien und Prozesse entwickelt haben, die als Vorbilder für menschliche Anwendungen dienen können (Gebeshuber 2016). Diese Anwendungen erstrecken sich über verschiedene Bereiche wie Technik, Kunst, Architektur und viele weitere Gebiete.

In der Bionik werden natürliche Materialien und Strukturen untersucht, um ihre einzigartigen Eigenschaften und Funktionsweisen zu verstehen. Beispielsweise inspiriert die Leichtbauweise und Festigkeit von Vogelknochen zu innovativen Konstruktionen im Leichtbau (Sullivan et al 2017). Und nicht immer muss alles perfekt sein. Gut genug reicht oft auch, wie der Computerwissenschafter und biomedizinische Ingenieur Richard van Nieuwenhoven, der theoretische Biologe Manfred Drack und ich in einer wissenschaftlichen Arbeit 2023 demonstrierten (van Nieuwenhoven et al 2023). Bionik bezieht sich auch auf das Verständnis und die Abstraktion biologischer Prozesse. Ein Beispiel hierfür ist die Photosynthese der Pflanzen, die als Vorbild für die Entwicklung effizienter Solarzellen (Martín-Palma und Lakhtakia 2017) und künstlicher photosynthetischer Systeme (Liu et al 2021) dient. Die Anpassungsfähigkeit und Überlebensstrategien von Tieren, Pflanzen und Mikroorganismen bieten zahlreiche Inspirationen. So hat beispielsweise die Oberflächenstruktur des Lotusblattes, das einen Selbstreinigungseffekt aufweist (Barthlott und Neinhuis 1997), zur Entwicklung von schmutzabweisenden Beschichtungen (Antony et al 2016) geführt. Auch der menschliche Körper und seine Funktionen sind eine Quelle der Inspiration. Exoskelette (Crea et al 2021), Prothesen und robotische Systeme, die menschliche Bewegungen nachahmen, sind Beispiele für Anwendungen in diesem Bereich. Bionik bezieht sich auf das Verständnis und die Abstraktion von Ökosystemen und sozialen Strukturen von Organismen. Beispielsweise können Algorithmen, die das Schwarmverhalten von Fischen oder Vögeln nachahmen, in der Robotik oder in Optimierungsprozessen eingesetzt werden (Bogon 2013). Bionik ist ein vielversprechender Ansatz, um effiziente und innovative Lösungen für eine Vielzahl von Herausforderungen zu entwickeln, indem sie sich von der Natur inspirieren lässt und gleichzeitig im besten Fall zur Schonung natürlicher Ressourcen beiträgt (van Nieuwenhoven et al 2023).

2. Bionik in der Ernährungswissenschaft

Das Studium natürlicher Materialien, Strukturen und Prozesse kann innovative Ansätze in den Ernährungswissenschaften inspirieren, beispielsweise in Bezug auf Wassermanagement und den Einsatz umweltfreundlicher Insektenvertreibungsmittel, basierend auf essbaren Wachskristallen, die gezielt bestimmte Insektenarten abwehren, während sie für Mensch und Umwelt schonend sind. Diese Innovation repräsentiert einen Durchbruch in der Schädlingsbekämpfung, der sowohl die Effizienz der landwirtschaftlichen Produktion steigert als auch die Umweltbelastung minimiert. Darüber hinaus ist die Bedeutung der Biodiversität hervorzuheben. Ein tiefgreifendes Verständnis verschiedener Arten und ihrer Interaktionen kann entscheidend zur Entwicklung nachhaltiger Methoden in der Ernährungswissenschaft beitragen. Dieser Ansatz fördert die Schaffung von Synergien zwischen landwirtschaftlicher Produktion und ökologischer Nachhaltigkeit. Die Integration von Biodiversitätsprinzipien in die Agrarwirtschaft kann zu resilienteren und produktiveren Ökosystemen führen, die sowohl die Nahrungsmittelsicherheit als auch die Umweltgesundheit verbessern. Ebenso wichtig ist die Betrachtung von natürlichen Kreislaufsystemen und deren Anwendung in der Lebensmittelindustrie. Die Prinzipien der Kreislaufwirtschaft, inspiriert durch natürliche Kreisläufe, bieten Ansätze für eine nachhaltigere Lebensmittelproduktion und -verarbeitung. Dies umfasst die Minimierung von Abfällen, die Wiederverwendung von Nebenprodukten und die Schaffung geschlossener Nährstoffkreisläufe, die zur Reduzierung der Umweltbelastung beitragen. Bionik in der Lebensmittelproduktion und -sicherheit hat ein enormes Potenzial und soll zu einer nachhaltigeren und effizienteren Zukunft führen. Sie bietet innovative wissenschaftliche Wege, um die Herausforderungen der Zukunft in der Ernährung zu meistern, und trägt damit zu einer besseren Zukunft für alle bei. Sie eröffnet neue Perspektiven und Lösungsansätze, die sowohl die Effizienz als auch die Nachhaltigkeit in der Lebensmittelproduktion und -verarbeitung revolutionieren können. Die folgenden drei Abschnitte geben Beispiele aus der Bionik, die im Bereich der Lebensmittelproduktion von Relevanz sind.

3. Bionisches Wassermanagement für die Lebensmittelproduktion

Süßwasser ist entscheidend für alle Aspekte menschlicher Aktivitäten, aber seine Knappheit wird zunehmend besorgniserregend, insbesondere da das Wetter unberechenbarer wird. Die ungleiche Verteilung der Süßwasserressourcen führt zu Gesundheits- sowie Lebensqualitätsproblemen und löst schwere Infektionskrankheiten und Konflikte aus (Wang et al 2023). Zur Bewältigung der erwarteten Wasserknappheit wurden verschiedene Technologien zur Wassersammlung und -reinigung entwickelt. In Küstenregionen und entwickelten Regionen wird häufig Entsalzung eingesetzt, während in ländlichen und trockenen Gebieten mit ungünstigen klimatischen/geografischen Bedingungen und hohen Investitionskosten für Transport und Energie alternative Strategien erforderlich sind. Die Entwicklung von Wassergewinnungstechnologien, die an alle Wetterbedingungen angepasst, tragbar und anpassbar sind, ist daher dringend erforderlich, um die Süßwasserknappheit in wasserarmen Ländern zu lindern. Eine aufkommende Technologie ist die Wassergewinnung aus der Atmosphäre, die an spezielle geografische und klimatische Regionen angepasst werden kann. Abhängig von der relativen Luftfeuchtigkeit in diesen Regionen kann Süßwasser durch drei Prozesse gewonnen werden: Nebelernte, Taubildung/Kondensation und Feuchtigkeitsernte. Für wasserreiche Regionen wie Küstenstädte ist die Entsalzung mithilfe von Sonnenenergie eine vielversprechende Technologie zur Erzeugung von Süßwasser. Die Disziplin der bioinspirierten Oberflächeningenieurswissenschaften hat in Bezug auf Wassergewinnungssysteme zunehmend Aufmerksamkeit erregt. Die belebte Natur ist eine wichtige Inspirationsquelle, da viele Lebewesen effizient Wasserressourcen nutzen. Durch die Nutzung spezieller Eigenschaften von Oberflächen haben Forscher und Forscherinnen bereits einige vielversprechende Wassergewinnungstechnologien mit günstigen Wasserbewirtschaftungsfähigkeiten entwickelt.

Beispiel: Nebelkäfer

Der Nebeltrinker-Käfer *(Onymacris unguicularis)* ist ein Insekt aus der Familie der Schwarzkäfer und lebt in der Namib (Wüste). Er hat die bemerkenswerte Fähigkeit, Wasser aus Nebelschwaden zu sammeln (Abb. 1). Dies geschieht, indem der Käfer sich auf Dünenkämmen positioniert, den Kopf nach unten neigt und sein Hinterteil in einem Winkel von etwa 20 Grad zum Wind hebt, wodurch feine Nebeltröpfchen an seinem Körper kondensieren.

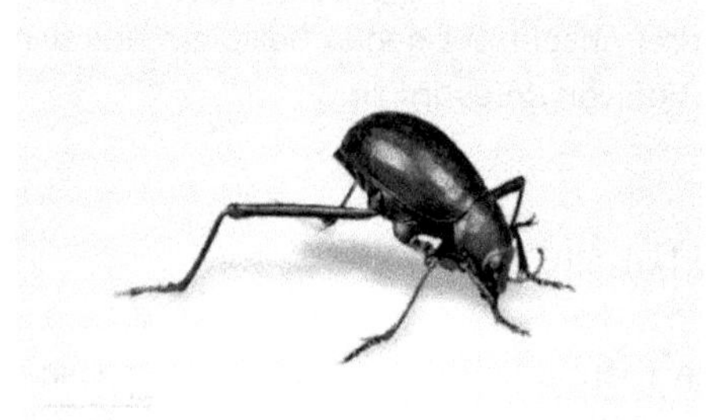

Abbildung 1: Der Nebeltrinkerkäfer *Onymacris unguicularis* in der Position zum Sammeln von Wasser. Quelle: Von Didier Descouens - Eigenes Werk, CC BY-SA 4.0, https://commons.wikimedia.org/w/index.php?curid=17787321.

In der Bionik hat man sich von dieser Wassersammeltechnik zur Entwicklung von Nebelfangnetzen inspirieren lassen (siehe z.B. Azad et al 2015). Diese Netze, die in trockenen Regionen wie der Atacama-Wüste eingesetzt werden, fangen Nebel in ihren Maschen, wobei das Wasser abfließt und gesammelt wird. Diese Technologie ist besonders kostengünstig und effektiv für Wassergewinnung in Entwicklungsländern. Aktuelle Forschungen zielen darauf ab, die Oberflächenstruktur dieser Netze zu optimieren, um die Effizienz der Nebelwassergewinnung zu steigern, ähnlich der Oberfläche des Nebeltrinker-Käfers. Solche Technologien könnten insbesondere in der Landwirtschaft für die Lebensmittelproduktion in ariden Gebieten von großem Nutzen sein. Das Fraunhofer-Institut für Produktionstechnik und Automatisierung hat im Jahr 2015 die Auszeichnung „Die Oberfläche" an die Firma Sto SE & Co. KGaA für ihre innovative, bionische Fassadenfarbe „StoColor Dryonic" verliehen (Fraunhofer 2015), die auf dem Prinzip des Nebeltrinker-Käfers basiert und eine effiziente Wasserabführung ermöglicht. Für die Lebensmittelproduktion könnte diese in Bezug auf Hygiene und Sauberkeit (Verhinderung der Ansammlung von Algen und Pilzen an Gebäudewänden, Reduktion des Risikos einer Kreuzkontamination mit Schadstoffen und Mikroorganismen durch saubere und trockene Oberflächen), Nachhaltigkeit (keine bioziden Wirkstoffe, CO_2-neutrale Herstellung) und Energieeffizienz durch schnell trocknende Oberflächen (weniger Aufwand für Entfeuchtungs- und Klimatisierungsprozesse) von Relevanz sein.

4. Artenspezifische Insektenvertreibungsmittel basierend auf Wachskristallen

Die Kontrolle einiger Insektenarten oder ihres Verhaltens ist sowohl für die öffentliche Gesundheit als auch für die Ernährungssicherheit wichtig. In der Praxis sind jedoch differenzierte Ansätze zur Schädlingsbekämpfung selten zu finden. Die gebräuchlichste Methode zur Bekämpfung von Insektenschädlingen sind Insektizide: Chemikalien, die darauf abzielen, Insekten zu töten oder sie an unerwünschten Verhaltensweisen zu hindern. Laut der Ernährungs- und Landwirtschaftsorganisation der Vereinten Nationen (FAO) wurden 2019 weltweit insgesamt 698.169 Tonnen Insektizide eingesetzt (FAO 2019). Diese Maßnahmen schaden jedoch oft nicht nur den Schädlingen, gegen die sie eingesetzt werden. Tatsächlich wurde der Einsatz von chemischen Insektiziden mit dem globalen Rückgang der Bestäuberpopulationen (Mitchell et al 2017) und dem Rückgang der Populationen anderer Nicht-Zielorganismen wie Vögeln (Li et al 2020) in Verbindung gebracht. Beim Menschen wurde der Einsatz von Insektiziden mit einem erhöhten Risiko für die Entwicklung von Krebs (Lerro et al 2015) in Verbindung gebracht.

Diese Probleme sind nicht einzigartig für Insektizide. Andere Pestizide, wie Herbizide, stellen ebenfalls große Risiken für Menschen und die Umwelt dar. Aus diesem Grund hat die Europäische Union das Ziel gesetzt, den Einsatz von Pestiziden in der EU bis 2030 um 50% zu reduzieren, wie in ihrer Biodiversitätsstrategie festgelegt (EC 2022). Es ist daher von größter Wichtigkeit, neue Wege zur Bekämpfung von Insektenschädlingen zu finden. Ein möglicher Ansatz, den Physikstudent Florian Gisinger erforscht hat (Gisinger und Gebeshuber 2022, Gisinger 2023), basiert auf einem physikalischen Mechanismus, der als „Abwehrstrategie“ gegen Insektenherbivoren von Pflanzen verwendet wird: das Verhalten von epikutikulären Wachskristallen auf der Oberfläche von Pflanzen unter Insektenbefall (Abb. 2).

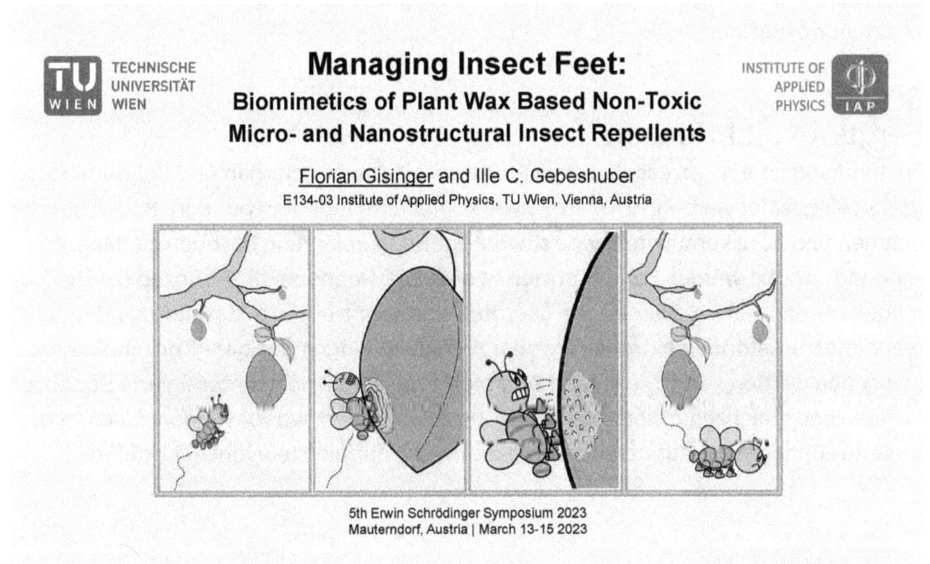

Abbildung 2: Insektenvertreibung durch Wachkristalle. Blitzlichtvortrag 5. Erwin Schrödinger Symposium.

Quelle: Von Florian Gisinger - Eigenes Werk.

Insekten nutzen verschiedene Mechanismen, um sich an Oberflächen anzuhaften. Dies ist für die Landwirtschaft und Ernährungssicherheit relevant. Auf rauen Oberflächen verwenden sie Krallen an ihren Beinen, die sich gut für das Greifen von Vorsprüngen eignen, während sie auf glatten Oberflächen Klebepolster an ihren Füßen nutzen, die entweder glatt und flexibel sind oder mit Haaren bedeckt (Gorb 2001). Diese Anhaftungsmechanismen sind wichtig für die Interaktion von Insekten mit Pflanzenoberflächen, insbesondere im Kontext der Bestäubung und Schädlingsbekämpfung.

Die Entwicklung von Insekten und Pflanzen ist eng miteinander verknüpft, wobei die Oberflächen der Pflanzen, insbesondere die epikutikulären Wachskristalle, eine Schlüsselrolle in der Interaktion mit Insekten spielen. Solche Kristalle finden Sie zum Beispiel auf Pflaumen, Heidelbeeren, Weintrauben und Rotkraut. Diese Wachskristalle auf der Pflanzenoberfläche können das Anhaften von Insekten erschweren. Es gibt verschiedene Hypothesen, wie Pflanzenwachse Insekten abwehren (Gorb und Gorb 2003): Die Kontaminationshypothese besagt, dass Wachskristalle die effektive Kontaktfläche zwischen Insekten und Oberfläche reduzieren können, während die Rauheitshypothese erklärt, dass mikrorauhe Oberflächen die Anhaftung erschweren. Die Flüssigkeitsadsorptionshypothese besagt, dass Wachskristalle die Haftflüssigkeiten der Insekten aufsaugen können, und die Wachslösungshypothese vermutet, dass Haftflüssigkeiten die Wachskristalle auflösen und eine rutschige Oberfläche erzeugen können. Diese Erkenntnisse sind für die Landwirtschaft und Ernährungssicherheit von Bedeutung, da sie neue Möglichkeiten für die Schädlingsbekämpfung und die Förderung der Bestäubung eröffnen.

5. Bergbau mit Pflanzen

Phytomining ist ein Prozess, bei dem Pflanzen wie Sonnenblumen und Schaumkresse gezielt eingesetzt werden, um Metalle wie Kupfer und Cadmium aus dem Boden aufzunehmen und zu akkumulieren, was sowohl zur Bodenreinigung als auch zur Metallgewinnung genutzt werden kann (Karman et al 2015). Nachdem die Pflanzen die Metalle aufgenommen haben, werden sie geerntet, verbrannt und die Metalle aus den Verbrennungsrückständen extrahiert, wobei zusätzlich Biogas aus der Pflanzenbiomasse gewonnen werden kann. Diese Methode bietet das Potenzial, kontaminierte Böden zu reinigen und gleichzeitig wertvolle Rohstoffe zu gewinnen, was besonders für dicht besiedelte Länder mit Landnutzungskonflikten wie Österreich relevant sein könnte.

Abbildung 3: Die Sonnenblume ist ein Hyperakkumulator für Kupfer und Cadmium. Quelle: Von capetan auf Freeimages.com, https://www.freeimages.com/photo/sunflower-1398771.

Für die Lebensmittelproduktion ist besonders interessant, dass solche Verfahren nicht nur wertvolle Metalle liefern, sondern auch den Ackerboden von Schwermetallen reinigen. Dies könnte langfristig dazu beitragen, dass der Boden für weitere landwirtschaftliche Zwecke sicherer wird. Allerdings gilt es dabei die Gesundheit der Pflanzen sowie die mögliche Anreicherung von toxischen Elementen zu berücksichtigen, um die Sicherheit und Qualität der Lebensmittelproduktion zu gewährleisten.

6. Zusammenfassung

Die faszinierende Welt der Bionik gewinnt in der Ernährungswissenschaft zunehmend an Relevanz. Bionik, ein interdisziplinäres Forschungsfeld, das sich mit der Abstraktion von Naturphänomenen für technische Anwendungen beschäftigt, bietet innovative Lösungen für aktuelle Herausforderungen in der nachhaltigen Lebensmittelproduktion.

Das Studium natürlicher Materialien und Prozesse, wie beispielsweise die Wassergewinnungstechniken des Nebeltrinker-Käfers oder die Verwendung von essbaren Wachskristallen als Insektenabwehrmittel, kann neue Wege in der Landwirtschaft inspirieren. Diese Ansätze sind nicht nur umweltfreundlich, sondern tragen auch zur Steigerung der Effizienz in der landwirtschaftlichen Produktion bei. Darüber hinaus wird die Bedeutung der Biodiversität und der Anwendung von Prinzipien natürlicher Kreislaufsysteme in der Lebensmittelindustrie betont.

Bionik hat das Potenzial, die Lebensmittelproduktion und -sicherheit zu revolutionieren und zu einer nachhaltigen Zukunft beizutragen.

Illustrationen

Abbildung 1: Der Nebeltrinkerkäfer *Onymacris unguicularis* in der Position zum Sammeln von Wasser. Quelle: Von Didier Descouens - Eigenes Werk, CC BY-SA 4.0, https://commons.wikimedia.org/w/index.php?curid=17787321.

Abbildung 2: Insektenvertreibung durch Wachkristalle. Blitzlichtvortrag 5. Erwin Schrödinger Symposium. Quelle: Von Florian Gisinger - Eigenes Werk.

Abbildung 3: Die Sonnenblume ist ein Hyperakkumulator für Kupfer und Cadmium. Quelle: Von capetan auf Freeimages.com, https://www.freeimages.com/photo/sunflower-1398771.

Literatur

Antony, Florian, Grießhammer, Rainer, Speck, Thomas, Speck, Olga (2016): The cleaner, the greener? Product sustainability assessment of the biomimetic façade paint Lotusan® in comparison to the conventional façade paint Jumbosil®, in: Beilstein Journal of Nanotechnology 7(1), 2100-2115.

Azad, M. A. K., Ellerbrok, D., Barthlott, Wilhelm, Koch, Kerstin (2015): Fog collecting biomimetic surfaces: Influence of microstructure and wettability, in: Bioinspiration & Biomimetics 10(1), 016004.

Barthlott, Wilhelm, & Neinhuis, Christoph (1997). Purity of the sacred lotus, or escape from contamination in biological surfaces, in: Planta 202, 1-8.

Bogon, Tjorben (2013): Künstliche Intelligenz und Optimierung, in: Agentenbasierte Schwarmintelligenz. Wiesbaden, 11-38.

Crea, Simona, Beckerle, Philipp, De Looze, Michiel, De Pauw, Kevin, Grazi, Lorenzo, Kermavnar, Tjaša, Masood, Javad, O'Sullivan, Leonard W., Pacifico, Ilaria, Rodriguez-Guerrero, Carlos, Vitiello, Nicola, Ristić-Durrant, Danijela, Veneman, Jan (2021): Occupational exoskeletons: A roadmap toward large-scale adoption. Methodology and challenges of bringing exoskeletons to workplaces, in: Wearable Technologies 2, e11.

EC European Commission (2022): EU Biodiversity Strategy Dashboard. 2022. https://dopa.jrc.ec.europa.eu/kcbd/dashboard/

FAO Food and Agriculture Organization of the United Nations (2019): Pesticides Use Database. https://www.fao.org/faostat/en/#data/RP

Fraunhofer IPA (2015): Fassadenfarbe nach dem Vorbild des Nebeltrinker-Käfers. Sto SE & Co. KGaA gewinnt „DIE OBERFLÄCHE 2015". Presseinformation 20. 7.2015.

Gebeshuber, Ille C. (2016): Wo die Maschinen wachsen. Wie Lösungen aus dem Dschungel unser Leben verändern werden. EcoWin, Salzburg.

Gisinger, F., Gebeshuber I.C. (2022): Managing insect feet: Biomimetics of plant wax based non-toxic insect repellents. 3rd International Workshop on Insect Bio-Inspired Technologies, 17.-18. November 2022, Royal Society of Edinburgh, UK.

Gisinger, F. (2023): Natürliche Insektenabwehr. Zine Technisches Museum Wien.

Gorb, S. (2001): Attachment devices of insect cuticle. Dordrecht.

Gorb Elena V., Gorb Stanislav N. (2003): Attachment ability of the beetle *Chrysolina fastuosa* on various plant surfaces, in: Entomologia Experimentalis et Applicata 105(1), 13-28.

Hamilton, William J. III, Seely, Mary K. (1976): Fog basking by the Namib Desert beetle, Onymacris unguicularis, in: Nature 262, 284-285.

Karman, Salamh B., Diah, Siti Z. M., Gebeshuber, Ille C. (2015): Raw materials synthesis from heavy metal industry effluents with bioremediation and phytomining: a biomimetic resource management approach, in: Advances in Materials Science and Engineering, 2015.

Lerro, Catherine C., Koutros, Stella, Andreotti, Gabriella, Friesen, Melissa C., Alavanja,
Michael C., Blair, Aaron, Hoppin, Jane A., Sandler, Dale P., Lubin, Jay H., Ma, Xiaomei, Zhang, Yawei, Freeman, Laura E.B. (2015): Organophosphate insecticide use and cancer incidence among spouses of pesticide applicators in the Agricultural Health Study, in: Occupational and Environmental Medicine 72(10), 736-744.

Li, Yijia, Miao, Ruiqing, Khanna, Madhu (2020): Neonicotinoids and decline in bird biodiversity in the United States, in: Nature Sustainability 3(12), 1027-1035.

Liu, Guangyu, Gao, Feng, Gao, Chao, Xiong, Yujie (2021): Bioinspiration toward efficient photosynthetic systems: From biohybrids to biomimetics, in: Chemical Catalysis 1(7), 1367-1377.

Martín-Palma, Raúl J., Lakhtakia, Akhlesh (2017). Progress on bioinspired, biomimetic, and bioreplication routes to harvest solar energy, in: Applied Physics Reviews 4(2), 021103.

Mitchell, Edward A.D., Mulhauser, Blaise, Mulot, Matthieu, Mutabazi, Aline, Glauser, Gaétan, Aebi, Alex (2017): A worldwide survey of neonicotinoids in honey, in: Science 358(6359), 109-111.

Sullivan, Tarah N., Wang, Bin, Espinosa, Horacio D., Meyers, Marc A. (2017): Extreme lightweight structures: avian feathers and bones, in: Materials Today 20(7), 377-391.

van Nieuwenhoven, Richard W., Drack, Manfred, Gebeshuber, Ille C. (2023): Engineered materials: Bioinspired „good enough" versus maximized performance, in: Advanced Functional Materials 2307127.

Wang, Yi, Zhao, Weinan, Han, Mei, Xu, Jiaxin, & Tam, Kam Chiu (2023): Biomimetic surface engineering for sustainable water harvesting systems, in: Nature Water 1(7), 587-601.

Kunst und
Ernährungsbildung

SIGRID POHL

KUNST UND ERNÄHRUNGSBILDUNG

Ein Projekt von Studierenden im Fachbereich „Kunst und Gestaltung" an der Kirchlichen Pädagogischen Hochschule Wien/Krems zum Thema „Gesunde und nachhaltige Ernährung in der Primarstufe".

Eine Auswahl von Kunstwerken bildete den Ausgangspunkt für die Auseinandersetzung mit den sozialen und kulturellen Gepflogenheiten des Essens und Trinkens. Im Mittelpunkt aber standen künstlerische Annäherungen an aktuelle Essgewohnheiten und Überlegungen über die zukünftige Welternährung sowie der Erwerb von Kompetenzen für die Ernährungsbildung in der Primarstufe.

Ernährungsbildung in der Primarstufe

Vor dem Hintergrund des Klimawandels und der kontinuierlich anwachsenden Weltbevölkerung kommt der Ernährungsbildung zukünftig eine bedeutende Rolle zu. Ernährungsbildung ist eine gesamtgesellschaftliche Aufgabe, die schon in der Primarstufe eingeführt werden sollte. Indem Konsumenten*innen umfassend informiert werden, können sie die Auswirkungen der Lebensmittelproduktion auf die Umwelt verstehen und ein Bewusstsein für eine gesunde und nachhaltige Lebensweise entwickeln. Die frühzeitige Prägung von positiven Konsum- und Essgewohnheiten im Kindesalter ist entscheidend für eine gesunde Lebensführung und hat langfristig auch Auswirkungen auf die Gesundheit unseres Planeten.

„Das Auge isst mit"

Nahrungsaufnahme ist ein elementares Bedürfnis und nicht zuletzt ein gemeinschaftsbildender Vorgang. Beim Essen und Trinken geht es nicht allein um Energiezufuhr für den Erhalt der biologischen Körperfunktionen, sondern um den zu erwartenden, sinnlichen Genuss, an dem neben dem Schmecken weitere Sinne wie das Riechen, Hören und Tasten beteiligt sind. Eine entscheidende Rolle kommt jedoch dem Auge zu. Deshalb ist es nicht verwunderlich, wenn Darstellungen von Lebensmitteln und Essensritualen in der bildenden Kunst großen Raum einnehmen. Schon beim Wahrnehmen eines frischen Lebensmittels läuft einem sprichwörtlich das Wasser im Mund zusammen.

Von der Faszination, die frische, in Europa oft seltene und teure Nahrungsmittel auf die Menschen vergangener Jahrhunderte ausübten, zeugen die hyperrealistischen Stillleben der barocken Malerin Clara Peeters (Stillleben mit Blumen, ca. 1615, Abb. 3) oder die Darstellung turbulenter Festgelage von Jacob Jordaens aus der Goldenen Zeit der niederländischen Malerei.

In der 2. Hälfte des 20. Jahrhunderts wurde die Nahrungsaufnahme vom Bild in die Wirklichkeit transferiert und als sinnliches Ereignis inszeniert. Der Fokus richtete sich nun auf das gemeinsame Kochen und das anschließende Verspeisen und Genießen der zubereiteten Speisen. Daniel Spoerri lud 1964 zum „Abendmahl für Hahn“ und fixierte die Überreste der Essensaktion in einem „Fallenbild“. Matthew Ngui (Abb. 1 und 2) bereitete asiatische Gerichte für die Besucherinnen in einem Ausstellungsraum der documenta X (1997) zu und regte seine Gäste an, sich über Kunst zu unterhalten.

Der Bildungsauftrag der Agenda 2030

Die Grundlage für die Entwicklung nachhaltiger Handlungsstrategien bildet der Brundtland-Bericht aus den 1980er-Jahren. In der Folge hat sich die Weltgemeinschaft auf 17 gemeinsame Ziele zur Sicherung der Zukunft des Menschen und der Erde verpflichtet. Das Sustainable Development Goal (SDG) 4.7. betont die Bedeutung der Schulbildung und fordert die Ausstattung aller Lernenden mit den notwendigen Kenntnissen und Kompetenzen, die zur Gestaltung einer besseren Welt beitragen. Ferner erhebt SDG 2 die Forderung nach der Beendigung des Hungers auf der Welt und einer nachhaltigen, resilienten Lebensmittelproduktion, die den Zugang aller Menschen zu gesunden Nahrungsmitteln sichert. Zu solidarischem, nachhaltigem Handeln wird die Weltgemeinschaft auch hinsichtlich des Umgangs mit Rohstoffen aufgefordert, wobei der Ressource Wasser allerhöchste Bedeutung zukommt (SDG 12 und 14).[1]

Ernährungsbildung für eine Ernährungswende

Angesichts des Überschreitens der planetarischen Belastungsgrenzen hat die EAT-Lancet-Kommission 2019 eine langfristige Strategie für eine gesunde und nachhaltige Ernährung der 10 Milliarden Menschen, die 2050 auf der Erde leben werden, vorgeschlagen. Der Plan sieht einen sukzessiven Verzicht auf tierische Produkte und eine größtenteils aus Obst, Gemüse, Vollkornprodukten, Hülsenfrüchten, Nüssen und ungesättigten Fettsäuren bestehende Ernährung vor.[2]

Ein weiterer Beitrag zur Ernährungssicherung könnten umweltfreundlichere, alternative Nahrungsangebote sein. Die Novel-Food-Verordnung der Europäischen Kommission ermöglicht seit 2018 den Konsum von Mehlwürmern, Wanderheuschrecken,

---

1 https://www.bundeskanzleramt.gv.at/themen/nachhaltige-entwicklung-agenda-2030.html, abgefragt am 05.01.2024.

2 https://www.bzfe.de/nachhaltiger-konsum/lagern-kochen-essen-teilen/planetary-health-diet/ , abgefragt am 05.01.2024.

Hausgrillen auch in Europa. Insekten gelten als klimafreundliches Lebensmittel. Sie brauchen wenig Platz, kaum Futter und verursachen wenig Treibhausgas-Emissionen. Ein Nachteil ist allerdings der hohe Energieverbrauch, der für die Zucht benötigt wird. [3] Auch die in Europa lange vergessenen und heute wiederentdeckten Algen sowie Flechten werden als nachhaltige Nahrungsquellen stark beworben. [4]

Bildungsinhalte der Lehrveranstaltung

Die umfangreichen Informationen wurden von den Studierenden in Referaten bearbeitet, im Plenum vorgestellt und diskutiert. Basierend auf dem erworbenen Faktenwissen konnten folgende Bildungsinhalte für eine nachhaltige Ernährung festgehalten werden.

Ernährungsbildung

- ... vermittelt anhand von Kunstwerken Einblicke in die sozialen Bedingungen und kulturellen Gepflogenheiten von Essen und Trinken.
- ... informiert über die Produktion von Nahrungsmitteln und den damit zusammenhängenden Verbrauch von Ressourcen sowie ökonomischen und ökologischen Aspekten wie die Belastung der Umwelt durch Treibhausemissionen, Transportwege, Verpackungsmaterial u.a.
- ... vermittelt Kenntnisse und Fähigkeiten, bewusst verantwortungsvolle Entscheidung bezüglich einer gesunden und nachhaltigen Ernährung treffen zu können.
- ... bahnt ein Bewusstsein über den Aufwand und Energie an, die für die Produktion von Nahrung aufgewendet werden, und fördert das Eintreten gegen Verschwendung sowie einen wertschätzenden Umgang mit Nahrungsmitteln.
- ... lenkt die Aufmerksamkeit auf solidarisches Handeln beim Lösen von Schlüsselproblemen wie Klimawandel, verantwortlicher Umgang mit Ressourcen, Eindämmen von Hunger, Beachten der Menschenrechte.
- ... zielt auf eine Verfeinerung der Sinneswahrnehmung mit der Intention, kalorienreiche Lebensmittel (süße Säfte, salzige Chips u.a.) zu vermeiden, und fördert das Gemeinschaftsgefühl.

Gestaltungspraxis

Im Verlauf der Lehrveranstaltung wurden Kenntnisse über die aktuelle und zukünftige Ernährungssituation mit den Anforderungen der Curricula sowie der Betrachtung geeigneter Kunstwerke verknüpft. Die bildnerische Praxis eröffnete für die Studierenden

---

3 https://www.bzfe.de/nachhaltiger-konsum/lagern-kochen-essen-teilen/planetary-health-diet/, abgefragt am 05.01.2024.

4 https://www.bzfe.de/nachhaltiger-konsum/lagern-kochen-essen-teilen/planetary-health-diet/, abgefragt am 05.01.2024.

individuelle Gestaltungsräume und eine anschauliche, erfahrungsbezogene Aneignung von Kompetenzen für den Unterricht in der Primarstufe.

Der Impuls für die Auseinandersetzung mit dem Thema erfolgte durch das Anfertigen einer persönlichen Ernährungspyramide, die auf einem Foto der im eigenen Kühlschrank vorhandenen Lebensmittel basierte. Digitale Werkzeuge, aber auch klassische künstlerische Techniken wurden für die Gestaltung von Filmen, Videos, Plakaten und grafischen Arbeiten (Werke der Studierenden Denise (27) Sonja (26)) herangezogen. Mit dem Arrangieren von Geschirr und Lebensmitteln gelang es, einen Bogen zu kunstanalogen, performativen Praktiken zu schlagen; vor allem, weil die angerichteten Speisen gemeinsam verzehrt wurden. Darüber hinaus lieferte die Befragung einiger Probanden lebensnahe Einblicke in die Anstrengungen, Erfolge und Hindernisse, die sie bei der Realisierung einer nachhaltigen Lebensweise erfuhren. [5])

Projektidee und Leitung: Sigrid Pohl

Literatur

https://www.bundeskanzleramt.gv.at/themen/nachhaltige-entwicklung-agenda-2030.html, abgefragt am 05.01.2024.

https://www.bzfe.de/nachhaltiger-konsum/lagern-kochen-essen-teilen/planetary-health-diet/, abgefragt am 05.01.2024.

https://www.symposionduernstein.at/fileadmin/user_upload/medienspeicher/mediathek/publikationen/kunst_und_ernaehrungsbildung__duernstein_2024_pohl_kph.pdf, abgefragt am 23.04.2024.

https://www.verbraucherzentrale.de/wissen/lebensmittel/auswaehlen-zubereiten-aufbewahren/insekten-essen-eine-alternative-zu-herkoemmlichem-fleisch-33101 , abgefragt am 10.01,2024.

https://www.zdf.de/dokumentation/planet-e/planet-e-algen-essen--klimaretter-auf-dem-teller-100.html, abgefragt am 11.01.2024.

5 https://www.bzfe.de/nachhaltiger-konsum/lagern-kochen-essen-teilen/planetary-health-diet/ , abgefragt am 05.01.2024.

Abb. 1 und 2: Matthew Ngui bereitete asiatische Gerichte für die Besucherinnen in einem Ausstellungsraum der documenta X (1997)

Abb. 3: Malerin Clara Peeters (Stillleben mit Blumen, ca. 1615)

Autor*innenverzeichnis

Ursula Baatz, seit 2012 wissenschaftliche Kuratorin des Symposions Dürnstein; Philosophin und Autorin, bis 2011 Redakteurin bei ORF-Ö1 (Abteilung Religion und Wissenschaft), Lektorin an den Universitäten Wien und Klagenfurt, Mitbegründerin der „Wiener Gesellschaft für interkulturelle Philosophie".

Karl Bauer, Netzwerk Zukunftsraum Land, Landwirtschaftskammer Österreich.

Franz Essl, Assoz. Prof. am Department für Botanik und Biodiversitätsforschung, Mitglied des Biodiversitätsrates und Wissenschaftler des Jahres 2022.

Elisabeth Fabian, Assistenzärztin in der Klinischen Abteilung für Innere Medizin 2 am Uniklinikum Krems und Ernährungswissenschaftlerin.

Otto Gasselich, Obmann von Bio Austria.

Ille Gebeshuber, Professorin für Physik an der TU Wien mit den Arbeitsschwerpunkten Nanophysik und Biomimetik.

Gunther Hirschfelder, Professor für Vergleichende Kulturwissenschaft an der Universität Regensburg, arbeitet zu kulturwissenschaftlicher Ernährungs- und Agrarforschung in historischer und gegenwärtiger Perspektive.

Martin Kainz, Professor für Aquatische Ökosystemforschung und -gesundheit an der Universität für Weiterbildung Krems; und Arbeitsgruppenleiter am Wassercluster Lunz. Forscht zur Funktionsweise und Gesundheit von Süßwasserökosystemen unter verschiedenen Szenarien des globalen Wandels.

Lisa Kernegger und Heidi Polsterer, Leitung Foodwatch Österreich

Christina Kottnig, Co-Vorsitzende Slow Food Österreich.

Tania Eulalia Martinez-Cruz, Indigene Ëyuujk, Expertin für indigene Ernährungssysteme bei der FAO (Food and Agriculture Organization der Vereinten Nationen), forscht zu indigenem Wissen, Gender, Klimaschutz, sozialer Inklusion und Ernährung.

Sofia Monsalve, Generalsekretärin der Menschenrechtsorganisation FIAN International. Das FoodFirst Informations- und Aktions-Netzwerk setzt sich weltweit für das Recht auf angemessene Ernährung ein.

Christina Plank, Senior Scientist am Institut für Entwicklungsforschung, Universität für Bodenkultur Wien.

Christian Prauchner, Obmann des Bundesgremium des Lebensmittelhandels.

Franz Raab, Kammerdirektor der Landwirtschaftskammer Niederösterreich.

Wolfgang Reiter, Kulturwissenschafter, futurefoodstudio.

Kurt Remele, em. Prof. am Institut für Ethik und Gesellschaftslehre an der Katholisch Theologische Fakultät in Graz. Forscht zu Sozialethik, politischer Ethik, Umwelt- und Tierethik.

Hanni Rützler, Foodtrendforscherin, Ernährungswissenschaftlerin und Gesundheitspsychologin, futurefoodstudio.

Josef Settele, Leiter des Departments Naturschutzforschung am Helmholtz-Zentrum für Umweltforschung an der Martin-Luther-Universität in Halle-Wittenberg. Forscht zu Ökologie von Kulturlandschaften, Biodiversität, Landnutzung und sozial-ökologischen Systemen.

Franz Sinabell, WIFO Forschungsgruppe Klima- Umwelt- und Ressourcenökonomie, Privatdozent an der BOKU Wien.

Karl-Heinz Steinmetz, Privatdozent für Spiritualitätsforschung (Uni Wien), Health Care Manager, forscht zu Klostermedizin und leitet das Institut für Traditionelle Europäische Medizin in Wien.

Michael Succow, Prof. em., deutscher Biologe und Agrarwissenschaftler. Forschungsschwerpunkte u.a. Moor-Ökologie und Naturschutz.

Florian Tschandl, AGES - Österreichische Agentur für Gesundheit und Ernährungssicherheit GmbH, Leiter Kompetenzzentrum Lebensmittelkette.

13.
SYMPOSION
DÜRNSTEIN

14. - 16.
MÄRZ 2024

WAS WERDEN WIR
MORGEN ESSEN?
Fragen zur
Zukunft der Ernährung

Veranstaltungsort: Stift Dürnstein, Dürnstein 1, 3601 Dürnstein
Kuratorin: Ursula Baatz
Moderation: Joachim Schwendenwein, Organisationsberater

Programm

Donnerstag, 14. März 2024

17:30 - 18:00 Uhr
Einlass

18:00 - 18:45 Uhr
Eröffnung
Barbara Schwarz, Gesellschaft für Forschungsförderung Niederösterreich m.b.H.

18:45 - 19:00 Uhr
Die Ernährung der Welt.
Ursula Baatz, Kuratorin des Symposion Dürnstein.

19:00 - 20:30 Uhr
Podium Ernährungssicherheit in Österreich?
Franz Essl, Assoz. Prof. am Department für Botanik und Biodiversitätsforschung, Mitglied des Biodiversitätsrates und Wissenschaftler des Jahres 2022. Otto Gasselich, Obmann von Bio Austria. Elisabeth Fabian, Assistenzärztin in der Klinischen Abteilung für Innere Medizin 2 am Uniklinikum Krems und Ernährungswissenschaftlerin. Franz Raab, Kammerdirektor der Landwirtschaftskammer Niederösterreich. Franz Sinabell, WIFO Forschungsgruppe Klima- Umwelt- und Ressourcenökonomie, Privatdozent an der BOKU Wien. Moderation: Tanja Traxler, Leiterin des STANDARD Wissenschaftsressorts, VÖZ 2023 Preisträgerin für Wissenschaftsjournalismus und Autorin.
Ausklang Zeit zum gemeinsamen Austausch bei Wein & Snacks.

Freitag, 15. März 2024

09:00–09:20 Uhr
Zusatzprogramm Morgenimpuls in der Stiftskirche Dürnstein mit Propst Petrus Stockinger.

09:30–10:45 Uhr
Vortrag Verbraucher – Essen – Konsumverhalten. Historische Determinanten der Ernährung in der digitalen Globalgesellschaft.
Gunther Hirschfelder, Professor für Vergleichende Kulturwissenschaft an der Universität Regensburg, arbeitet zu kulturwissenschaftlicher Ernährungs- und Agrarforschung in historischer und gegenwärtiger Perspektive.

10:45–11:15 Uhr
Pause

11:15–11:45 Uhr
Impuls Biodiversität, Klima und Ernährung – Einsichten auf Basis der Erkenntnisse und Beschlüsse von Weltklima- und Weltbiodiversitätsrat.
Josef Settele, Leiter des Departments Naturschutzforschung am Helmholtz-Zentrum für Umweltforschung an der Martin-Luther-Universität in Halle-Wittenberg. Forscht zu Ökologie von Kulturlandschaften, Biodiversität, Landnutzung und sozial-ökologischen Systemen.

12:15-13:00 Uhr
Podium Knappes Gut Boden.
Isabella Lang, Geschäftsleiterin und Bildungsreferentin der Berg- und Kleinbäuer_innen Vereinigung Via Campesina, Thomas Resl, Direktor der Bundesanstalt für Agrarwirtschaft und Bergbauernfragen a.D., Land- und Forstwirt, Josef Settele, Michael Succow.

13:00–14:30 Uhr
Mittagspause

13:40–14:30 Uhr
Zusatzprogramm Führung durch die Dauerausstellung des Stifts Dürnstein „Entdeckung des Wertvollen“ mit Propst Petrus Stockinger.

14:30–15:10 Uhr
Vortrag & Diskussion One World – One Water – One Health.
Martin Kainz, Professor für Aquatische Ökosystemforschung und -gesundheit an der Universität für Weiterbildung Krems; und Arbeitsgruppenleiter am Wassercluster Lunz. Forscht zur Funktionsweise und Gesundheit von Süßwasserökosystemen unter verschiedenen Szenarien des globalen Wandels.

15:10–15:35 Uhr
Vortrag Online Old wines, new wineskins: Indigenous Peoples' knowledge systems and practices as key for sustainable food systems and planet.
Tania Eulalia Martinez-Cruz, Indigene Ëyuujk, Expertin für indigene Ernährungssysteme bei der FAO (Food and Agriculture Organization der Vereinten Nationen), forscht zu indigenem Wissen, Gender, Klimaschutz, sozialer Inklusion und Ernährung.

15:35–16:00 Uhr
Vortrag Futures of Food. Which one do we want?
Sofia Monsalve, Generalsekretärin der Menschenrechtsorganisation FIAN International. Das FoodFirst Informations- und Aktions-Netzwerk setzt sich weltweit für das Recht auf angemessene Ernährung ein.

16:00–16:30 Uhr
Pause

16:30–16:45 Uhr
Impuls „Die Zukunft der Landwirtschaft und Ernährung in Österreich - Versorgungssicherheit, Selbstversorgung, gesetzliche Anforderungen"
Karl Bauer, Netzwerk Zukunftsraum Land, Landwirtschaftskammer Österreich.

16.45–17:00 Uhr
Impuls Food Alternatives.
Christine Saahs, Nikolaihof Wachau.

17:00–17:15 Uhr
Impuls Gut, sauber und fair vom Feld auf den Teller: Die Slow Food Perspektive für eine nachhaltige, klimafitte Zukunft unserer Ernährungs- und Esskultur.
Christina Kottnig, Co-Vorsitzende Slow Food Österreich.

17:15–18:00 Uhr
Podium Transformation der Landwirtschaft – ein glokaler Prozess.
Karl Bauer, Christina Kottnig, Sofia Monsalve und Christina Plank.

Samstag, 16. März 2024

09:00–09:20 Uhr
Zusatzprogramm Morgenimpuls in der Stiftskirche Dürnstein mit Propst Petrus Stockinger.

09:30–10:45 Uhr
Vortrag Esskultur im Wandel - Zwischen Tradition & Innovation.
Hanni Rützler, Foodtrendforscherin, Ernährungswissenschaftlerin und Gesundheitspsychologin.

10:45–11:15 Uhr
Pause

11:15–11:25 Uhr
Impuls Klimawandel und Lebensmittelsicherheit.
Florian Tschandl, AGES - Österreichische Agentur für Gesundheit und Ernährungssicherheit GmbH, Leiter Kompetenzzentrum Lebensmittelkette.

11:25–11:35 Uhr
Impuls Noch nie gab es im Lebensmittelhandel eine so hohe Lebensmittelsicherheit für Konsumenten.
Christian Prauchner, Obmann des Bundesgremium des Lebensmittelhandels.

11:35–11:45 Uhr
Impuls Aufgetischt? - Die Werbeschmähs und was dahinter steckt.
Lisa Kernegger, Biologin, Leitung Foodwatch Österreich.

11:45–12:30 Uhr
Podium Wie sicher sind unsere Lebensmittel?
Lisa Kernegger, Christian Prauchner und Florian Tschandl.

12:30–13:30 Uhr
Mittagspause

13:30–13:50 Uhr
Impuls Zukunftsfähig? Über den Konsum von Tieren und Tierprodukten.
Kurt Remele,em. Prof. Institut für Ethik und Gesellschaftslehre an der Katholisch Theologische Fakultät in Graz. Forscht zu Sozialethik, politischer Ethik, Umwelt- und Tierethik.

13:50–14:10 Uhr
Impuls Gott zwischen Eintöpfen - Ernährungsethik in der christlichen Spiritualitätsgeschichte.
Karl-Heinz Steinmetz, Privatdozent für Spiritualitätsforschung (Uni Wien), Health Care Manager, forscht zu Klostermedizin und leitet das Institut für Traditionelle Europäische Medizin in Wien.

14:10–14:30 Uhr
Diskussion Vegetarisch? Vegan? Flexitarisch? Fleisch?
Kurt Remele, Karl-Heinz Steinmetz und Publikum.

14:30–15:00 Uhr
Pause

15:00–15:40 Uhr
Vortrag „Was können wir von der Natur lernen? Bionik und Ernährung - neue wissenschaftliche Wege in eine nachhaltige Zukunft".
Ille Gebeshuber, Professorin für Physik an der TU Wien mit den Arbeitsschwerpunkten Nanophysik und Biomimetik.

15:40–16:30 Uhr
Podium Schlussdiskussion: Eine Ethik der Ernährung.
Ille Gebeshuber, Ursula Baatz, Kurt Remele, Karl-Heinz Steinmetz. Moderation: Doris Helmberger-Fleckl, Chefredakteurin Die FURCHE.

Ausstellung „Ernährungsbildung für eine Ernährungswende": Studierende der Katholisch Pädagogische Hochschule Wien/ Krems haben sich im Rahmen einer Lehrveranstaltung mit nachhaltigem Essen und Trinken, regionalen Genussmitteln und Recherchen zur globalen Ernährungssituation auseinandergesetzt. Leitung: Sigrid Pohl, KPH Wien/Krems.